绿色低碳科普教育丛书

100 Questions for Green and Low Carbon City

绿色低碳城市

王有为 主 编

刘 京 葛 坚 常卫华 副主编

中国建筑工业出版社

图书在版编目（CIP）数据

绿色低碳城市 100 问 = 100 Questions for Green and Low Carbon City / 王有为主编；刘京，葛坚，常卫华副主编 . -- 北京：中国建筑工业出版社，2024. 9.(2025 .3 重印)
（绿色低碳科普教育丛书）. -- ISBN 978-7-112-30223-9

Ⅰ. X32-44

中国国家版本馆 CIP 数据核字第 2024CN6060 号

责任编辑：柏铭泽　陈　桦
书籍设计：锋尚设计
责任校对：赵　力

绿色低碳科普教育丛书
绿色低碳城市100问
100 Questions for Green and Low Carbon City
王有为　主　编
刘　京　葛　坚　常卫华　副主编
*
中国建筑工业出版社出版、发行（北京海淀三里河路 9 号）
各地新华书店、建筑书店经销
北京锋尚制版有限公司制版
北京市密东印刷有限公司印刷
*
开本：850 毫米×1168 毫米　1/32　印张：5⅜　字数：102 千字
2024 年 11 月第一版　　2025 年 3 月第二次印刷
定价：**40.00** 元
ISBN 978-7-112-30223-9
（43523）

如有内容及印装质量问题，请与本社读者服务中心联系
电话：（010）58337283　QQ：2885381756
（地址：北京海淀三里河路 9 号中国建筑工业出版社 604 室　邮政编码：100037）

本书编写委员会

主　　编： 王有为

副 主 编： 刘　京　葛　坚　常卫华

编　　委： 于　兵　李珺杰　龚　敏
吕伟娅　丁　勇　赵哲毅
张智栋　董　斌　孙大明

插图绘制： 赵哲毅　边文彦

序　言

当前，生态文明建设已进入以降碳为重点方向的关键时期。推动“双碳”战略实施，推动建筑行业绿色低碳发展，除编制必要的标准规范外，更重要的是树立全体国民的绿色低碳理念，促进国家与民族走上科学高质量发展之路。

建筑全生命周期的碳排放量约占我国总体碳排放量的50.9%，建筑节能、能源再生成为重要的降碳环节。在建筑的运行和人们的生活中，有哪些现代建筑科技可以实现降碳？人们在建筑中的生活行为方式，有哪些途径与碳排放相关？这是广大的学校师生和社会群体关注的问题。本书从多个技术维度，对建筑降碳进行深入分析和系统总结，对于全面了解建筑领域降碳减排的技术、引领低碳生活的发展方向，具有很强的参考价值。

本书以青少年的科普教育作为切入点，探索编写面向青少年的绿色低碳科普图书，是一项看得准、抓得及时的工作。在短短几个月的时间里，编委会精心组织，系统筹划，选择在不同绿色建筑技术领域的权威专家撰稿，高质量地完成了编写工作，我向为本书策划、编纂和出版做出过贡献的同志们表示由衷的感谢。

希望中国城市科学研究会绿色建筑与节能专业委员会能持之以恒地关注绿色建筑科技人才成长，扎实深入地开展建筑行业降碳减排的科普培训，在推广实施本书的工作中及时总结经验，为建立全体国民的绿色低碳理念、促进我国建筑行业绿色低碳发展，做出更大的贡献。

前 言

绿色低碳发展已成为国家战略，目前，建筑行业开展了大规模的绿色、节能建筑与生态城区的建设，硬件设施的性能提升为城市绿色低碳发展奠定了基础，但由于国民的节能意识与节能行为规范还没有建立起来，导致节能建筑在使用上达不到节能预期，绿色交通使用率低等问题。2020 年住房和城乡建设部等 7 部门印发《绿色建筑创建行动方案》（建标〔2020〕65 号），号召人民群众积极参与绿色建筑创建活动，形成崇尚绿色生活的社会氛围；2022 年教育部印发《绿色低碳发展国民教育体系建设实施方案》（教发〔2022〕2 号），要求绿色低碳发展融入国民教育体系，引导青少年牢固树立绿色低碳发展理念。

开展青少年绿色低碳科普活动，从孩子抓起，深植绿色低碳发展的意识与行为准则，既可以激发孩子对绿色低碳科学的创造力，也可以带动每一个家庭形成绿色低碳行为模式与生活方式。

“不积跬步，无以至千里；不积小流，无以成江海”。每个家庭的节能减碳量看似微小，但无数个家庭汇聚起来，将会为社会绿色低碳发展做出重要贡献，同时，通过节水、节电、绿色出行等绿色生活方式也可以降低生活支出，惠及每个家庭。

中国城市科学研究会绿色建筑与节能专业委员会（以下简称中国绿建委）是协助政府推动我国绿色建筑发展的全国性、公益性学术团体，一直致力于我国绿色建筑的推广与人才培养。中国城市科学研究会主办的中国国际绿色建筑大会每年吸引 4000～5000 名绿色建筑相关的专业人士参加，已经成为具有全球影响力的绿色品牌。近几年，中国绿建委在重视“硬技术”研发的基础上，也开始关注“软科学”，成立了教育委员会，开展了多次走入中学的绿色科普教育活动，受到学生们的欢迎。本书是中国绿建委邀请了各地绿色低碳领域专家共同编制的，这些专家既有城市规划师、建筑设计师，也有科研教授及一线教学的老师，他们不仅有很高的学术研究能力，也有很多绿色低碳实践经验。为便于理解，书中每一个问题都会讲清原理再举实例，本书可用于全国科普基地和各中小学校的展开科普教育。

本书编写人员主要为绿色低碳领域专家，优势是可以深入地解答相关问题，但专家们习惯于学术论文的写作，虽然尽量采用了轻松活泼的语言表达方式，但有些问题的解释对青少年来说，或许有一些“超标”。这里真诚地希望阅读此书的各界朋友为我们提出好的意见与建议，让更多的青少年可以喜欢此书，更多地了解与践行绿色生活方式。

目　录

建筑篇

交通篇

能源篇

资源篇

环保篇

智慧篇

生活篇

001 我们生活的城市面临什么问题？

你是否发现，在我们生活的城市中，正在发生**人口膨胀、交通拥堵、住房紧张、供水不足、能源紧缺、环境污染、秩序混乱**等问题，它们给生活在城市的人们带来了烦恼和不便，这些问题被人们形象地称之为**“城市病”**。

在 IPCC（联合国政府间气候变化专门委员会，Intergovernmental Panel on Climate Change）发布的《全球升温 1.5℃特别报告》中提到：

“如果碳排放量保持目前的增速，到 2030 年中国可能会有 1000 万至 4500 万人遭受极端炎热和致命热浪的侵袭。”

怎么解决这些问题呢？全球各个国家都在想办法，下面，我们就一起来看看城市是如何转变的。

城市篇

002 什么是碳排放？

碳排放是指人类活动所产生的温室气体排放到大气层的过程。

那么，**温室气体是什么呢？**我们的地球大气中有一些气体如二氧化碳（CO_2）、甲烷（CH_4）等，会阻碍地球将热量射出太空，这些气体就是温室气体。温室气体会吸收部分地球释放的红外线，然后再向四面八方释放红外线。部分红外线会射出太空，但也有部分射回地球，为地球表面加热，这就是温室效应。大气层中主要的温室气体有二氧化碳、甲烷、氧化亚氮（N_2O）、氯氟碳化物（CFCs）及臭氧（O_3）。其中**二氧化碳又是地球温度的主控钮，所以，我们常用“碳排放”来指代“温室气体排放”。**

我们都知道，二氧化碳存在于大气层中，参与了许多生物和地球活动。在城市中，二氧化碳也会随着气流、植物、水和其他自然因素循环。这些二氧化碳分子会随着风流动并扩散到城市中，城市里的植物通过光合作用将二氧化碳吸收，并将其转化为能量，同时释放出氧气（O_2）。但大量的“温室气体排放”超过了地球的消化能力，就会引起气候变化和全球变暖等问题。这些问题会对我们的生活和环境造成很大的影响，比如天气变得更加极端、海平面上升、动植物的生存环境受到威胁等。

在人类活动产生的温室气体中，城市建设和运行的各个阶段由于消耗能源（电力、天然气、水等）而产生的碳排放量，占据了全球总碳排放量的 70% 以上。因此，减少城市产生的碳排放量，能够帮助放慢全球变暖的脚步。

为了减少城市的碳排放，我们从能源使用、产业发展、建筑、交通、生活、生态环境等各个方面开展行动，来提升城市的自我修复能力，让城市变得“绿色低碳”——排放更少的二氧化碳。

003 什么是碳汇？

碳汇与碳排放相反，是指能够吸收和储存二氧化碳等温室气体的自然或人工系统。这些系统可以通过吸收二氧化碳等方式将大气中的温室气体转化为有机物质，并将其储存起来，这样就可以减少温室气体对大气的影响。最常见的碳汇是森林，因为它们可以吸收二氧化碳并将其储存在树木和土壤中。

我们可以通过使用可再生能源、采用绿色生活方式等来减少碳排放；同时，也可以通过植树造林、保护海洋、改善土地利用等来增加碳汇。这些措施不仅有助于减缓气候变化，还能保护我们的环境和生态系统。

通过植树造林增加碳汇

004 城市有哪些碳排放?

我们生活中的方方面面都会产生碳排放。为了满足我们日常需求，城市需要消耗大量的能源。

我们日常照明、空调控温、烧饭、洗澡都会使用大量的电和天然气；

我们日常出行乘坐的小汽车、公交车、火车、飞机等交通工具也会产生大量的尾气排放；

我们平时住的房子、使用的各种日用品，在生产和加工的过程中也会用到大量的材料和能源；

而在我们看不见的地方，我们生活中产生的垃圾在处理过程中也会产生温室气体。

005 气候变化对城市有什么影响？

之前我们提到了“全球变暖”，但温室气体排放对气候造成的影响远不只让地球升温，还包括降水、风向、风速等方面的变化，而这些变化会对城市产生很多影响。

（1）气候变化会导致城市的气温升高：气温升高会使城市中的建筑、道路、车辆等物体的温度升高，产生更多的热量，形成“城市热岛效应”，使城市变得更加炎热。这会对城市居民的健康产生负面影响，比如中暑、心脏病等疾病的发生率增加。

（2）气候变化会增加城市的极端天气事件：比如暴雨、洪水、干旱等极端天气事件的发生频率和强度可能会增加。这会对城市的基础设施，比如交通、供水、排水等系统造成很大的影响，可能导致城市的瘫痪和灾害的发生。

（3）气候变化会对城市的生态系统造成影响：城市的生态系统包括城市公园、湖泊、河流、森林等。气候变化会影响这些生态系统的物种组成、生态功能和生态平衡，可能导致生态系统的崩溃和生物多样性的丧失。

（4）气候变化还会对城市的经济和社会产生影响：气候变化可能会导致农作物欠收、水资源短缺、能源供应不足等问题，会影响城市的经济发展和社会稳定。

006 什么是碳交易？

碳交易是用经济的手段解决温室气体排放问题的市场机制。

碳交易市场由政府创建，政府会设定一个总的碳排放量，并按照一定的规则将排放的配额分配给企业。每个企业会有一个碳排放配额，如果企业的碳排放超过了配额，他们就需要到市场上购买额外的配额；如果碳排放低于获得的配额，还可以在碳交易市场上出售多余的配额。

也就是说，企业可以通过采用节能减排的技术及环保的生产方式获得经济上的奖励。

007 我国的碳减排目标是什么？

全球的碳减排目标是通过减少温室气体的排放，避免全球气温升高超过 2 摄氏度，从而减缓气候变化的负面影响。

中国的碳减排目标是在实现经济发展的同时，促进绿色低碳发展，减少温室气体的排放。2020 年 9 月 22 日，中国在第七十五届联合国大会上提出**“二氧化碳排放力争于 2030 年前达到碳达峰，努力争取 2060 年前实现碳中和”**①的目标。

即在 2030 年前实现二氧化碳排放达到峰值，之后二氧化碳的排放量逐步减少，最终在 2060 年前实现碳中和。

① 新华社．习近平在第七十五届联合国大会一般性辩论上发表重要讲话 [EB]．中国政府网，2020-09-22.

008 什么是碳达峰与碳中和？

碳达峰是指温室气体排放量在一定时期内达到峰值。碳达峰是实现碳中和的过程，意味着排放量不再增加，开始逐年下降。

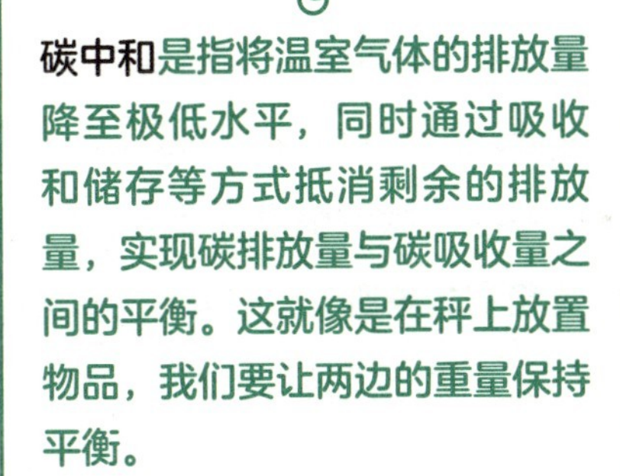

碳中和是对全球所有国家提出的目标，但对于发展中国家来说，却面临着比发达国家更大的挑战。因为发展阶段的不同，发达国家在 20 世纪 80、90 年代就已实现碳达峰。在碳中和目标提出时，这些发达国家已经处于经济发展成熟阶段，制造业向国外转移的自然达峰状态。

但对于中国来说，我们仍处于发展建设阶段，产业依然需要发展，城市依然需要建设，因此在实现碳中和时，不仅要关注碳排放“总量数值”，更要关注碳排放的“强度”——“单位 GDP 的碳排放量”。因此我们的目标是，在保证社会经济发展的同时，实现碳中和目标。

中国在全球气候治理中做出了哪些贡献？

中国为保护地球环境做出了很多努力，是全球气候治理的重要参与者、贡献者、引领者。中国推动了共建公平合理、合作共赢的全球气候治理体系，例如**推动了《巴黎协定》达成、生效和实施细则。**《巴黎协定》是史上第一份覆盖近 200 个国家和地区的全球减排协定，在全球应对气候变化进程中具有里程碑意义。中国率先确定了碳达峰和碳中和的时间表，并且构建了“1+N”等系列政策体系，以保障目标的实现。

中国在推动低碳发展方面取得了很大的成就。

在过去的 10 年中，[①] 中国通过节能减排，累计减少了 41 亿吨二氧化碳的排放量，还建立了中国碳交易平台，在气候投融资领域，中国为推动气候保护提供了资金支持。

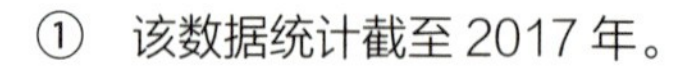

① 该数据统计截至 2017 年。

010 为什么城市是解决气候危机的关键？

我国的城市化率已达到65%，而城市的碳排放量超过了全国总排放量的90%，城市作为碳排放的主体，在解决气候危机的问题上，也应该承担相应的责任。

城市中有大量的建筑和公共设施，这些设施的能源消耗和碳排放量可以通过绿色低碳建筑技术、智能能源管理等技术手段来降低；

城市有大量的生活垃圾和污水等有机废弃物，这些废弃物可以通过生物质能等方式转化为能源，实现碳资源的循环利用；

城市中有大量的社会组织、企业和居民，这些群体可以通过参与城市的气候行动，推动城市的减排和碳循环等措施的实施。

011 怎么建设绿色低碳城市？

建设绿色低碳城市的关键是采取一系列措施来减少碳排放和环境污染，同时提高资源利用效率，这就需要综合考虑城市规划、交通、能源、建筑、环境等多个方面：

可持续城市规划

优化城市布局，合理规划住宅、商业区和公共设施的位置，使其更加紧凑和便捷。既让我们的日常生活更加便利，又从根本上减少远距离出行的需求，减少因为交通出行产生的碳排放。

推行绿色交通

通过完善公共交通系统，鼓励居民使用公共交通工具、步行和骑自行车出行。建设自行车道和步行街，减少汽车使用和交通排放。

使用绿色清洁能源

减少煤、石油等不可再生且在使用过程中会释放大量二氧化碳的化石能源的使用，转而开发风能、太阳能等可再生能源，构成清洁低碳的能源使用结构。

普及绿色建筑

通过发展绿色建筑技术、使用绿色材料等方式建设绿色建筑，降低建筑在建造和使用过程中需要消耗的能源（电力、天然气等），间接减少二氧化碳的排放。

加强资源回收利用

鼓励居民践行绿色循环的生活方式，以减少日常垃圾产生、垃圾分类回收、可回收垃圾再次利用等方式，减少资源的消耗。

加强城市绿化和生态保护

通过增加城市绿地和公园的面积，种植更多高碳汇的树木和植被，改善空气质量和生态环境，提升城市的二氧化碳吸收能力。

公众参与和教育宣传

鼓励公众参与绿色低碳城市建设，提高公众对环境保护和可持续发展的意识。开展教育宣传活动，提供相关科普讲座和技能培训。

012 老城怎样开展绿色低碳更新？

现在，我们城市中时常可以看到原有建筑翻新改造、道路改造拓宽等施工工地，这都是在给老城进行城市更新。老城的更新比起新城的建设要更加复杂，因为老城的建筑通常有着悠久的历史和复杂的结构。

在进行更新的时候，我们需要在保留建筑历史文化价值的前提下进行节能改造和设备、材料更新。这样可以让老城的建筑既保持了历史的痕迹，又提高了能源利用效率。另外，老城的基础设施可能会存在老化、破损等问题，因此，我们还需要对供水、排水管网和路网等基础设施进行更新和改造。同时，我们还要合理规划和设置绿地、公园和花坛等景观，增加绿化覆盖率不仅可以改善空气质量，缓解城市的热岛效应，还有助于修复生态环境，让城市更加美丽。

当然，在进行绿色更新时我们不能忽视老城居民的感受，我们要广泛听取居民的意见，进行充分地交流和沟通，确保绿色更新符合他们的利益和期望。

建筑篇

013 为什么要提倡绿色建筑？

我们的地球正在经历气候变化，而绿色建筑可以帮助我们保护环境，减少对地球的伤害。地球有一层薄薄的大气层，就像一层保护地球的“毯子”。由于人类活动，比如开车、发电和建筑用能等，释放了大量二氧化碳等温室气体，这些气体就像增加了“毯子”的厚度，使地球的温度上升，这是全球变暖的主要原因。**我国建筑全过程碳排放总量占全国碳排放的比例约为 50.9%，因此建筑领域是能源消耗和温室气体排放最主要的来源之一。**全球变暖可能导致冰川和北极冰层融化，使得海平面上升，引发极端天气事件，甚至影响农作物的生长，给地球和我们带来很多危害。目前，中国正在积极努力实现“碳达峰、碳中和”的“双碳”目标，减少温室气体的排放，控制地球温度在安全范围内。建筑业是其中一个关键领域，建筑在建材生产、施工建造、运营维护和拆除废弃过程中会产生大量碳排放，这些排放加剧了气候变化。**绿色建筑通过特殊的设计和先进的技术，可以让建筑变得更环保，从而减小对环境的影响，节省能源和资源成本，同时提高生活质量。**

014 什么是绿色建筑？

绿色建筑是一种设计、建造和运营建筑的方法，目标是减少对环境的不良影响，提高资源利用效率及室内环境质量，并改善人们的健康和舒适度。

绿色建筑在建筑的整个生命期内都会考虑环境的可持续性，包括建材生产、施工建造、运营维护和拆除废弃的全过程。

绿色建筑具有以下五个主要特点：

安全耐久

经得起各种自然灾害的考验，比如地震和风暴。居住者的安全得到了保障，住在这里的人们才能更加安心。

健康舒适

提供舒适健康的生活环境，例如建筑内部的空气清新而洁净，温度和湿度保持在适宜的范围内，光照水平合适，噪声很小，人们生活在其中感到舒适。

生活便利

充分考虑居民的生活便利，配套设施齐全，例如无障碍坡道和智能垃圾分类系统等，使居住者的生活更加便捷。

资源节约

采用环保的建筑材料，使用节能节水的设备，提高资源利用效率，减少其对自然资源的使用，降低对环境的影响。

环境宜居

注重建筑周围环境的营建和保护，例如通过总体布局调整场地风环境、通过绿化的种植改善周围空气质量等，从而创造更美好宜居的室外环境。

015 绿色建筑采用的关键技术有哪些?

绿色建筑采用的关键技术主要分为以下五类:

节能技术

节能技术能够用更少的能源来实现相同的效果，例如 LED 灯泡，相比于普通的白炽灯，它能够提供足够的照明，但却消耗更少的电力，这就节省了宝贵的能源。

节水技术

使用节水器具，例如感应的水龙头和小水量厕所冲水系统等，每一次洗手和冲厕都能节约水资源；使用节水的绿化灌溉系统，比如喷灌或滴灌系统，可以比较精确地控制水量；使用雨水收集系统，可以把屋顶、路面的雨水收集起来，过滤干净后再重新利用。这些技术都大大减少了建筑中的水资源消耗。

节材技术

使用环保材料、回收再利用材料，例如废弃的木头经过特殊处理可以变成可再生木材，重新利用在建筑中，这样可以减少砍伐树木，保护森林的生态系统。

安全耐久技术

采用坚固的结构设计、灵活可变的空间设计、耐久性高的结构和装修材料，来增强建筑的抗震和抗风能力，提升建筑的适应性、可变性及耐久性。

健康舒适技术

为营造健康舒适的居住环境，绿色建筑会在通风、温湿度控制、采光等各方面采用先进的技术，辅以智能控制系统来确保室内的空气质量、温湿度和光照水平处于最适宜的状态。

016 建筑的碳排放包括哪些部分?

建筑的碳排放就像是建筑留下的“碳足迹”，它包括建筑材料的制造和运输、建筑施工过程中的能源消耗、建筑在使用阶段的能源消耗，建筑拆除及废弃物处理产生的碳排放。

（1）建筑材料的制造需要消耗大量的能源，比如制造钢铁、水泥和玻璃等材料。这些材料还需要从生产地运输到建筑工地，运输过程中也会产生碳排放。

（2）建筑在建造过程需要使用各种机械设备和能源，比如挖掘机、混凝土搅拌机和电力工具等，这些设备的使用会产生碳排放。另外，施工过程中产生的废弃物也会对环境造成一定的影响。

（3）建筑在日常使用阶段需要消耗能源，比如电力、燃气和热力等。能源的产生和使用通常都会伴随着碳排放，尤其是使用化石燃料的能源。建筑也需要维护，包括清洁、维修和翻新等活动，这些都会消耗能源并产生碳排放。

（4）建筑的拆除过程、建筑废弃物运输和建筑废弃物处理阶段都会有能源消耗，也伴随有碳排放。

为了减少建筑的碳排放，我们可以选择使用低碳建筑材料，采用节能设计，推广可再生能源的使用，提升建筑的能源效率，以及提倡低碳生活方式。这样可以减少对环境的负担，为可持续发展做出贡献。

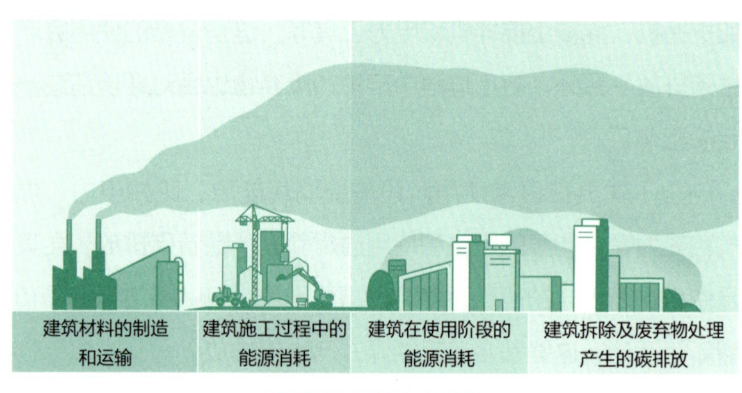

建筑碳排放四个阶段

017 哪些技术可以降低建筑能耗？

我们通常通过被动式设计、高效智能的主动式设备和可再生能源利用三类技术降低建筑能耗：

（1）被动式设计：充分利用自然资源，减少建筑的设备使用需求。例如选择合适的建筑朝向，确保阳光能够在冬季温暖房间，减少供暖需求；让自然光照到室内，降低人工照明时长；利用中庭和开窗位置的合理设计，让新鲜空气自然流通，无需依赖电力驱动的通风设备。

（2）高效智能的主动式设备：使用更少的能源就能实现相同效果的设备系统，以及能感知建筑需求调整运行状态的控制系统。例如高能效的空调设备，相比于普通的空调，它能够提供同样的制冷效果，但却消耗更少的电力；智能照明系统，能够感知室外自然光的变化和室内的照度需求，对室内灯具的照明情况进行智能调节，减少不必要的照明能源消耗。

（3）可再生能源利用：利用太阳能、风能、地热能等可再生能源供应建筑使用。太阳能电池板就像一面巨大的魔法镜子，它能将太阳能转化为电能，而风力发电机则像是一个魔法风车，它将风能转化为电能，为我们的家园提供电力。使用可再生能源可以减少化石能源的消耗，从而减少碳排放。

018 空调、冰箱等电器的能效等级是什么意思？

当我们购买电器的时候，经常会看到能效等级的标签。人们会采用这个指标来评估空调、冰箱等电器的能源利用效率，这可以帮助我们选择更节能的电器。

能效等级可以让消费者更好地了解和比较电器的能源效率。能效等级通常分为五级：等级 1 表示产品节电已达到国际先进水平，最节电，能耗最低；等级 5 表示产品市场准入指标，低于该等级要求的产品不允许生产和销售。因此，购买电器的时候，我们要认准标识，选择能耗低的产品，这样不仅能降低碳排放，还可以减少能源费用。

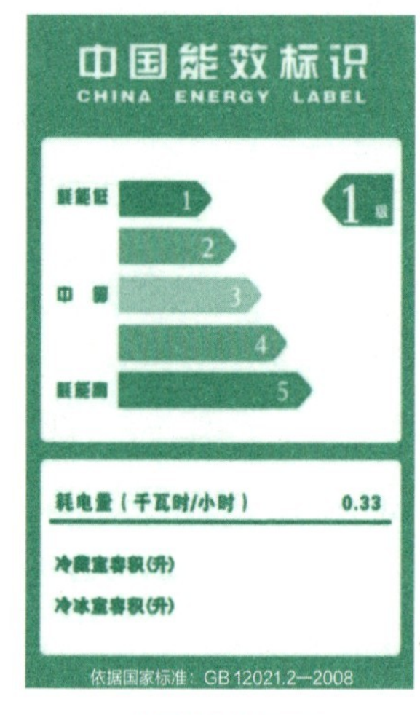

中国能效标识

019 常用的建筑可再生能源利用技术有哪些？

可再生能源是取之不尽、用之不竭的，合理地使用可再生能源，有助于减少对传统能源（例如化石燃料）的依赖，降低能源成本，减少碳排放。常用的可再生能源利用技术包括：

（1）太阳能利用：太阳能是一种广泛应用于建筑领域的可再生能源。主要包括太阳能光伏和太阳能光热的利用。太阳能光伏通过光伏电池板将太阳能转化为电能，供电器、照明等设备使用。太阳能光热则通过太阳能热水器或太阳能集热器捕获太阳能，用于供暖、热水和空调。

（2）风能利用：风能是通过风力发电机将风的动能转化为电能的一种技术。在建筑附近安装小型风力发电机或在开阔地区建造风电场都是可行的风能利用方法。安装在建筑上的风力涡轮机也可以为建筑自身提供电力。

（3）生物质能利用：生物质能是利用生物质材料（比如木材、废弃植物材料、有机废物等）来产生能源的一种方式。在建筑领域，生物质能可用于生产生物质燃料设备，比如木屑热水锅炉、生物质气化发电等，这些能源形式可以用于供暖、热水和发电。

（4）地热能利用： 地热能是利用地下热源来供暖和制冷的一种技术。建筑可以使用地源热泵系统，通过地下的恒定温度来调节室内温度，是一种高效的供暖和制冷方式。

（5）海洋能利用： 利用海洋能源，比如潮汐、波浪和海流来产生电力。海洋能利用系统包括潮汐发电机、波浪发电机和海流发电机等设备。

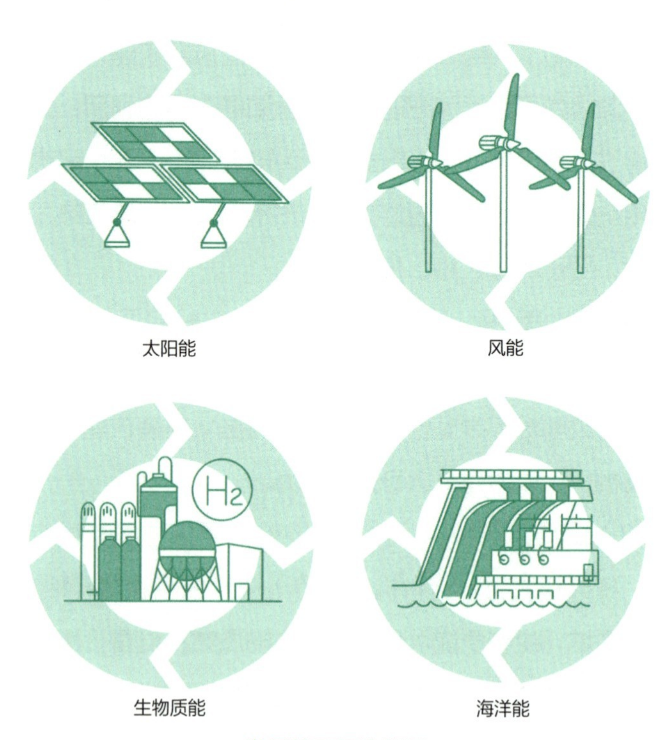

常用的可再生能源

020 建筑光伏一体化技术（BIPV）是什么？

建筑光伏一体化技术，简称 BIPV，是一种将太阳能发电（光伏）产品集成到建筑上的技术。太阳能电池板不再是简简单单地放在屋顶上，而是被巧妙地融入建筑的墙壁、窗户、屋顶，甚至是立面中，让建筑本身成为一个“太阳能发电站”。

BIPV 常常运用在屋顶和外墙上，太阳能电池板可以直接安装在屋顶和外墙的表面，不仅可以保证美观、坚固、耐久，还能吸收太阳能，把它转化为电能，为建筑提供电力。BIPV 还可以应用在窗户上，太阳能电池以薄膜的形式存在于玻璃中，我们可以透过窗户看到外面的风景，同时玻璃中的太阳能电池也能够发电。

一些新型太阳能电池材料的颜色和形状可以根据建筑的需要进行设计，例如钙钛矿薄膜电池可以像薄薄的纸一样覆盖在建筑的表面，可以设计成红色、蓝色、绿色等各种颜色，也可以设计成铝板、瓷砖、石材等各种质感，与建筑的外观完美融合。

021 常用的建筑节水技术有哪些？

建筑节水技术是为了降低建筑的水消耗量、促进水资源的可持续利用而采取的一系列措施。常用的建筑节水技术包括：

（1）雨水回收利用：收集建筑屋顶或周围道路上的雨水，经过过滤和处理后，用于灌溉植物、冲厕所和其他非饮用用途，从而减少自来水的使用。

（2）智能灌溉：使用喷灌、滴灌等技术，根据植物的需要和气象条件来自动调整灌溉，把水喷洒得更加精准、均匀，避免过度灌溉；还可以配合使用土壤湿度感应装置，感知土壤的湿度，自动启动喷灌或滴灌系统，给植物补充水分，避免浪费水资源。

（3）节水器具：通过减少水的流量降低用水量，同时保持足够的水压和舒适的水流，包括节水水龙头、冲厕器和节水淋浴头等。红外感应水龙头就是一种常见的节水器具，当我们把手伸向它时，它会自动感应到我们的手，然后调节出适量的水流，并在手离开后自动关闭。

022 什么样的建材是绿色建材？

绿色建材应该具备环保、节能、健康等特点，能够减少对环境的污染，降低建筑的能耗。常见的绿色建材有如下几个类别：

（1）节约生产资源的材料：这些材料通过利用—回收—再利用的废弃物或旧材料来制造，有助于减少对自然资源的需求，例如再生钢材和可再生木材都是环保的选择，它们的使用减少了人们对矿石和木材资源的开采，降低了环境压力。竹子也是一种可持续材料，不仅生长速度快，采伐也不会伤害生态系统。

（2）节约使用资源的材料：这些材料帮助建筑变得更节能，例如节能玻璃和隔热材料。节能玻璃可以减少室内的热量传递，从而减轻了空调的负担，降低了能源消耗。而隔热材料则有助于保持建筑的温度稳定，减少了能源浪费。

（3）环境友好的材料：这些材料有助于保护健康和环境，例如空气净化材料——空气净化石墨烯膜，可以过滤空气中的有害物质，使室内空气更清新；抗菌材料可以减少细菌滋生，保持卫生；低 VOC（挥发性有机化合物）涂料减少了室内空气污染，对人体更友好。

023 什么是可循环建筑材料？

可循环建筑材料是指可以重复使用或者回收加工后再利用的建筑材料。常用的可循环建筑材料如下：

（1）再生钢材：利用回收再利用的废旧钢铁制成的材料。建筑建造时会使用钢材，而钢材在生产过程中会产生大量碳排放，通过回收废弃的钢材，我们可以节约大量的能源，减少碳排放。

（2）再生塑料：废弃的塑料袋、塑料瓶子经过回收处理，可以变成新的塑料材料，用来制造新的建筑部件。例如木塑板是由木材与塑料合成的，这样不仅减少了塑料垃圾的产生，还解决了室外木地板的防水防腐问题，让塑料有了全新的用途。

（3）可再生石膏板：由废弃的石膏材料再生制成的板材。可再生石膏板在建筑中常常用于隔墙和顶棚，它的使用不仅节约了石膏资源，其本身还具有防火性能好、隔声好等环保特性。

（4）再生玻璃：由废弃的玻璃再生制成的材料。再生玻璃可以用于制造新的玻璃产品，降低对原始矿石的开采量。

024 在绿色建筑中，健康舒适的室内环境需要满足哪些要求？

在绿色建筑中，健康舒适的室内环境包括舒适的声音、明亮的光线、适宜的温度和新鲜的空气。

声音舒适

在绿色建筑中，声音是一个重要考虑因素。建筑应该尽量减少噪声来源，比如交通噪声或机器声。采用隔声材料可以有效降低噪声传播，创造室内的宁静环境，使人们可以在安静的氛围中学习、工作和休息。

光线明亮

绿色建筑要确保室内充足的自然光线。阳光不仅能提高舒适感，还可以减少电力消耗。为此，设计师通常会考虑使用大窗户和天窗，以便让更多阳光进入室内，使室内变得明亮而温暖。

温度适宜

在绿色建筑中，室内温度是关注的焦点之一。建筑通常采用优良的保温隔热技术，以确保冬暖夏凉。冬季，高效的暖气设备可以用更少的能量来维持舒适温度，而夏季则使用节能空调设备来保持凉爽。这种方法保证了持续的舒适生活环境，不论是寒冷的冬季还是炎热的夏季。

空气新鲜

在绿色建筑中，保持室内空气清新也至关重要。设计中通常会考虑如何引入自然风，或者借助新风系统，确保新鲜空气持续流入室内，同时排出室内原有的不新鲜空气，从而保持室内环境的健康。

025 什么是装配式建筑？

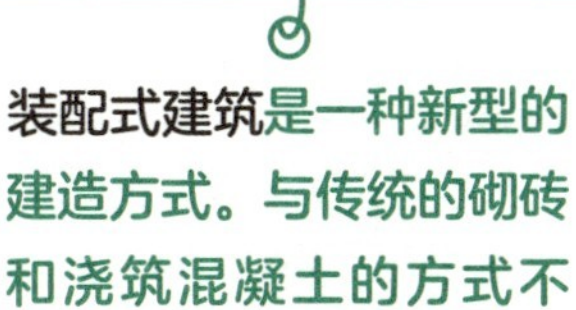

装配式建筑是一种新型的建造方式。与传统的砌砖和浇筑混凝土的方式不同，装配式建筑就像是巨大的三维拼图，可以将房屋的各个组件组装在一起，是一种快捷、方便、环保的建造方式。

装配式建筑的核心是，先在工厂里制作好房屋的构件和部件，然后再将它们运送到工地上进行组装。其中关键的指标是“装配率”，它表示在整个房屋中，有多少部件是在工厂里制作的。装配率越高，说明越多的部件在工厂制作，从而减少了工地上的施工时间和材料浪费，使建筑更快速和便捷地搭建起来。

装配式建筑中有多种不同类型的构件和部件，以下是一些示例：

墙板

墙板就像是大型拼图，每块板之间都有特殊的卡口，它们可以在工厂内制作完毕，然后在工地上按照设计要求垂直拼装在一起，形成整体的墙体。

楼梯

楼梯可以使用预制的构件，就像搭积木一样。工厂中的工人会根据楼梯设计图纸制作预制楼梯构件，比如踏板和扶手。这些构件在工厂内经过精密加工，以确保质量和尺寸的准确性，然后将它们运送到工地上，逐层拼装起来。这样，便能轻松建造出美观耐用的楼梯。

屋顶

屋顶也可以采用预制的构件，将屋顶的各个部分组装在一起。组装完成后，工人们会进行防水和保温处理，确保屋顶不会渗漏，同时提高屋顶的保温性能。

026 什么是绿色施工？

绿色施工是指在工程建造的过程中，在保证质量、安全等基本要求的前提下，通过科学管理和技术进步，最大限度地节约资源和减少对环境的负面影响，实现节能、节地、节水、节材和环境保护。

那么，我们应该如何实现绿色施工呢？

（1）要减少对场地的干扰，尊重基地本身的环境特点：应当对原有场地的自然、文化特征有清楚的认识，并划定保护区域，明确如何在施工过程中减少对场地生态的影响。

（2）将施工与当地气候相结合：在选择施工方法、施工机械，以及安排施工顺序、布置施工场地时应结合当地的气候特征。例如在雨季来临之前，完成土方工程、基础工程的施工，这样不仅避免地下水位上升对施工的影响，也可以减少因为雨季增加的施工保障措施。

（3）在施工过程中要做到节水、节电、环保：在施工过程中通常要使用大量的材料、能源，可通过采用节电型施工机械，合理安排施工时间等方法降低用电量、节约能源；还可通过提高脚手架等临时设施和模板等周转材料的重复利用率，减少材料和资源的消耗。

（4）减少环境污染，提高环境品质：在施工过程中会产生挥发性的有机化合物或微粒，它们会影响室内外的空气品质，这就要求施工过程中采用更环保健康的材料及生产方式。可以在施工现场设置监测设备，实时监测空气中的颗粒物浓度，当颗粒物浓度超过一定标准时，应立即采取措施，加强洒水降尘，减少扬尘的产生。

（5）实施科学管理，保证施工质量：上述所有的绿色施工方法都需要建立在科学管理的基础上，从而使得施工企业从被动适应转变为主动响应，以促进经济社会的可持续发展。

总之，绿色施工是一个系统的、全面的体系，需要施工单位、建设方共同参与，这样才能保证我国的绿色施工有效全面开展。

027 绿色校园建筑是怎么实现的？

我国台湾成功大学“绿色魔法学校”是一座“零碳”建筑，是世界第一座以造林为碳中和措施达成的“零碳”建筑。**相较于相同规模的学校建筑，这栋建筑节省了约 65% 的能量。**

这座“绿色魔法学校”，采用了 13 种绿色建筑被动式设计手法，使得校区在一般造价水平内实现了较高的节能目标。建筑屋面的出挑很深，可以形成较好的遮阳效果，阻挡大部分进入室内的直接太阳辐射，从而减少部分空调耗电；在屋顶花园种植了由台湾各地挑选的景天科耐旱植物，形成自然生态的屋面效果。最让人们赞叹的是它采用的自然浮力通风技术，可以让一座 300 人的会议厅在冬季 4 个月不开空调。“绿色魔法学校”规划了严格的空调分区，选择效率最高的主机，减少了两成的中央空调设备量；采用高效率、高演色性的陶瓷复金属灯及自动调光控制系统，使得照明灯具的数量减少，同时灯具的开关、敏感程度会根据环境实现自动调节；用过的自来水经碳粒过滤后可作为灌溉水源，地面上积累的雨水可收集用来冲洗厕所，屋顶收集的雨水可作为浇灌地面庭院的水源。

通过以上的措施，“绿色魔法学校”实现了环境友好的“零碳”目标，成了一座名副其实的绿色建筑。

028 绿色住宅是怎么实现的？

“北京 2008 年奥运村”又名“国奥村”，在这个住宅项目中，运用了水源热泵供暖、太阳能热水、外墙保温装饰一体化、光伏发电、屋顶花园、绿色建材等 30 余种先进的绿色建筑技术，**每年节省天然气热量 1658 万千瓦·时，节电 829 万千瓦·时，减少二氧化碳排放量 7887 吨。**

我们都知道北方地区的住宅冬季需要供暖，供暖需要的热水从市政管道中输送而来，能耗很大。国奥村没有使用市政热力，而是通过利用附近的清河污水处理厂的再生水与室外空气的温差，为住宅提供冬季供暖和夏季制冷。经过污水净化处理的再生水，与热泵机组换热后再注入清河，再生水的温度在 15～25 摄氏度之间。冬夏两季，与自然温差达 10 摄氏度以上，利用再生水自身蕴含的温差与热泵机组换热，是效率最高、稳定性最好的换热源。

国奥村每栋住宅都设计了屋顶庭院，实现了绿化全覆盖。屋顶庭院上方还安装了太阳能集热板。利用集热板作为屋顶的遮阳棚，既利于屋顶的人员活动，又降低了太阳光对屋顶层的辐射，起到了节能的功效。

国奥村中心景观带中间有两个景观花房，通过生物水处理技术，可以将污水进行净化，用于村内水系的补水，同时它又是座温室花房，即使在寒冷的冬季，依然有绿色的叶及鲜艳的花，是冬季赏景的好去处。

北京 2008 年奥运村（国奥村）中使用的绿色建筑技术

国奥村在场地上也做了很多雨洪利用的设计：①所有绿地都是下凹式绿地，即小区内绿地低于道路、广场，这样有利于雨水直接排到绿地里，既可以减少路面积水，还可以让雨水下渗到土壤中，补充地下水；②广场铺装地面采用透水型材料，保证雨水很快下渗到土壤中；③收集地下室顶面雨水用于小区浇灌绿地。雨洪利用不仅可以减少自来水的用水量，还是保护生态环境的重要举措。

北京 2008 年奥运村（国奥村）建成后，获得了“能源与环境设计先锋金奖”，被誉为奥运史上“最绿色”的奥运村。

029 绿色办公建筑是怎么实现的？

在现代社会中，上班族常常被局限于格子状的办公室中，长时间使用电脑引起的身心疲惫，都会对他们的生理和心理造成不利的影响。而在这时，绿色办公建筑的提出，给予了办公空间另一种可能性。**绿色的办公环境有利于室内环境舒适性的提高，维持使用者身心的健康，提高工作效率及创造力。**研究表明，绿色的办公空间可以维护和促进工作者的健康，减轻工作者的压力，激发其创造力和灵感，培养工作者之间的纽带，提高他们的工作积极性。

以深圳建科大楼[①]为例，它是中国南方夏热冬暖地区的典型绿色办公建筑。深圳建科大楼位于深圳市福田区，建筑主体层数为地上 12 层、地下 2 层。

深圳市是在我国的南方，属于夏热冬暖的气候区，是海洋性季风气候。设计师对这里的风环境和光环境进行分析之后，决定采用“凹”字形的建筑外形。我们看到，就如同汉字“凹”的写法一样，它的开口面向夏季主导风向，使得风和太阳光可以进入建筑内部。接下来，设计师将所有功能空间排布进这个

① 深圳建科大楼是深圳市建筑科学研究院有限公司的科研办公楼。

“凹”字形的大盒子中。中低层主要为交流互动空间，中高层主要布置办公空间，来获得更好的风、光、声环境和外部景观环境。在每一层的布置上，结合日照和风向，将办公空间布置在东侧和南侧，让其拥有良好的采光和通风条件，而辅助用房则布置在其余部分。

为了让办公大楼里工作的人们不受到刺眼的阳光的干扰，同时节约空调的能量，在外窗的适宜位置精心设计了遮阳反光板和内遮阳；采用光导管和玻璃采光井，将地面以上的太阳光通过一个“光隧道”引入到地下，提高了地下室的自然采光；在受阳光较多照射的西立面和南立面，设置了光电幕墙体系，把太阳光的能量转化为可以利用的电能；办公大楼的一层、六层和顶层都设置了架空绿化层，为使用的人们提供了像花园一般的良好环境，同时，这几个“绿色”平台也为城市的自然通风提供了贯通的廊道，让风可以从这里穿行而过。

绿色办公建筑创造了节能低碳的运作模式、舒适惬意的工作环境，对生态社会的可持续发展，以及人们的身心健康起到了不可忽视的作用。

交通篇

030 什么是绿色交通？

你是否因为交通拥堵迟到过？你是否在公交站等了很久车也不来？你是否在早高峰乘地铁挤得进退两难？你是否发现车多的地方空气质量很差？这些交通问题都在影响着每一个人的生活。

绿色交通就是为了解决这些问题而建立的城市交通方式，它可以**减轻交通拥堵、降低环境污染、促进社会公平、节省建设维护费用、有利于城市环境。**绿色交通包括许多内容：

（1）绿色交通要从城市布局开始，我们把城市分成很多个功能块，每个功能块有住宅、办公、配套商业、学校、幼儿园，每个功能块的大小都在人步行 15 分钟范围内，这样，我们平常生活以步行或自行车为主，不仅可以减少很多机动车产生的能耗与污染，还节约了很多出行时间。

（2）绿色交通要建立以公共交通优先的出行方式，让公共交通比私家车出行更方便、更快速。例如我们发现城市里多了很多公交专用道，比小汽车道通畅多了；去人多的公园、博物馆、商场，很不方便停车，但发现旁边就有公交车站，很方便乘坐公共交通。公共交通相比小汽车，既可以减轻交通拥堵，也可以降低环境污染。

绿色交通还要提高交通的效率，有很多方法，例如智慧信号灯可以根据交通状况及时调整信号灯时间，减少不必要的等候时间；在道路路口做路面放大处理（渠化处理），遇到红灯，右转车辆就不用排在直行车辆后面等待了。

总之，绿色交通是一种可持续的交通方式，它可以让我们的生活更舒适、更便捷，改善城市环境，促进经济发展。

031 哪种交通方式最低碳?

中国交通行业二氧化碳排放量约占全国总碳排放量的10%左右，其中道路交通在交通全行业碳排放中的占比约80%，成为碳排放大户，为了减少交通碳排放，要从每一人做起，我们尽量选择低碳的方式出行。让我们来对比一下，看看以下几种交通方式的碳排放量：

步行或骑自行车

不依赖任何燃料，没有任何排放，是零碳交通方式。在短距离内（5千米以内），步行或骑自行车是最佳选择。

公共交通

包括地铁和公共汽车，大型公交车每公里碳排放约0.68千克。公交车可以运载多名乘客，平均到每个人，造成的污染也较少，能源消耗也少。假设车上有20个人，那么每个人每公里碳排放约0.034千克。

小汽车

燃油小汽车每公里碳排放约0.2千克；电动小汽车约0.1千克；可以请多位乘客或用户合理地共享一辆交通工具，减少车辆数量和能源消耗。如果车上有3个人，那么燃油小汽车每个人每公里碳排放约0.06千克。

从上面的对比来看，步行或骑自行车是最低碳的方式，其次是公共交通，而且乘坐的人越多越低碳，所以，很多城市都在建设对步行、骑行、公交友好的交通环境。世界各地已经有很多国家都倡导“无车”“少车”的方式。

每年的 9 月 22 日，是“世界无车日”，全世界的不少地方都会划定机动车限行区域，鼓励人们步行或骑行。不过，选择哪种交通方式仍需根据个人的出行需求和场景来决定，需要综合考虑距离、时间、效率等因素。

032 为什么城市规划要“小街区、密路网”？

可以看看我们所处的城市，是不是每条道路都很宽阔？道路间距很大？很长一段时间，我们建设城市都追求“大街区、宽马路”的模式，造成小汽车更多地集中在城市主干路，加剧了城市交通拥堵，并导致了土地资源浪费、城市空间不够宜人、城市景观单调等问题。

“小街区”就是指城市中每个街区区块的面积变小，而“密路网”则是指城市中的道路更加密集。具体有什么好处呢？

可以提高交通的效率

“小街区”意味着人们可以更容易地步行或骑自行车到达目的地；“密路网”则提供了多条路径选择，减轻了交通拥堵现象，提高了道路运输的流畅性。

可以减少出行能耗和碳排放

“小街区”减少了对汽车的依赖，步行或骑自行车不产生碳排放，可以降低空气污染和环境影响。

增加城市的活力和吸引力

“小街区”可以更近地布置商业和社区配套设施，使人们更容易访问商店、餐馆、公园等，以创造更多的人与人之间的接触机会，促进社区的凝聚力和互动。

现在我国很多新建城区都按照“小街区、密路网”的模式建设，环境更宜人，交通更通畅，生活更便捷。

033 什么是 TOD?

绿色出行方式包括步行、骑自行车与公共交通出行，怎么才能让更多的人选择这些绿色出行方式呢？**TOD 发展模式**就是从城市规划角度让人们可以近距离选择绿色出行的方式。

TOD 是英文“Transit-Oriented Development”的缩写，是一种以公共交通为导向的城市发展模式。公共交通站点被放在城市发展的核心位置，比如机场、高铁站、地铁站等，城市以这些公交站点为中心，以 400～800 米（5～10 分钟步行路程）为半径，建设集商业、商务、居住、生态、公共服务等多功能于一体的城市综合开发区。

我们居住在这样的区域里，日常生活以短距离出行为主，步行、骑自行车就可以快速到达学校、办公楼、商业等目的地；去远的地方，可以近距离找到公交站，乘坐公共交通，这样，既减少了交通碳排放，也减少了道路拥堵，更可以为我们节约很多出行时间。

总的来说，**TOD 模式可以有效地改善人们的出行方式，提高城市的生活质量，使城市发展更加紧凑和高效。**这种模式正逐渐被全球越来越多的城市所接受和应用。

034 什么是 P+R？

“P+R”模式是一种城市交通出行方式，“P”是“Park”的缩写，“R”是“Ride”的缩写，连在一起就是“停车换乘”。

为什么要“停车换乘”呢？因为我们发现，在城市周边地区，地铁、公交车等公共交通不是特别发达，人们想进城办事，更多是选择驾驶小汽车，这样就造成市区内的小汽车过多，产生交通拥堵，给大家的出行带来了不便。

于是，城市规划师们想出了一个办法，在城市边缘的公共交通站点旁设置大型私家车停车场，让想进城的人在公共交通站点旁方便地停车，换乘公共交通进入市中心。

如果大家都积极采用这个方法，就会减少私家车的出行量，既避免了市区内的交通拥堵，又可以减少污染，同时也为我们生活的城市带来了更美好的环境。所以“P+R”模式是一种更加便捷、环保的出行方式，目前已经被很多国家在城市建设中采用。

为什么发展电动汽车？

电动汽车相比传统燃油汽车有很多优点：

环保

传统燃油汽车使用化石能源，如石油和天然气，这些燃料在燃烧过程中会产生大量废气，其中包括二氧化碳、一氧化碳（CO）、氮氧化物（NOx）、碳氢化合物和颗粒物等，这些废气不仅会破坏空气质量，还会对生态环境造成严重损害。相比之下，电动汽车使用电能，不会产生尾气排放，对环境零污染。

可持续发展

随着传统石油、天然气等化石能源的不断消耗，我们很快就会面临能源危机。相比之下，电力可来源自可再生能源，它的使用可降低人们对化石能源的依赖，实现可持续发展。

成本低

随着技术的不断进步和生产规模的扩大，电动汽车会越来越便宜，而且，在使用过程中，每千米用电价格远远低于汽油价格。此外，政府为了鼓励电动汽车发展，也出台了一系列支持政策，比如免税、减免收费、补贴支持等。

电动汽车的电机在运行中的噪声和振动比传统内燃机低得多，在怠速和低速时，电动汽车的舒适性远高于传统燃油汽车。

所以，发展电动汽车不仅可以减少环境污染、提高能源利用效率、降低能源消耗，还具有更高的经济效益与舒适度。电动汽车的发展是未来汽车产业的重要趋势。

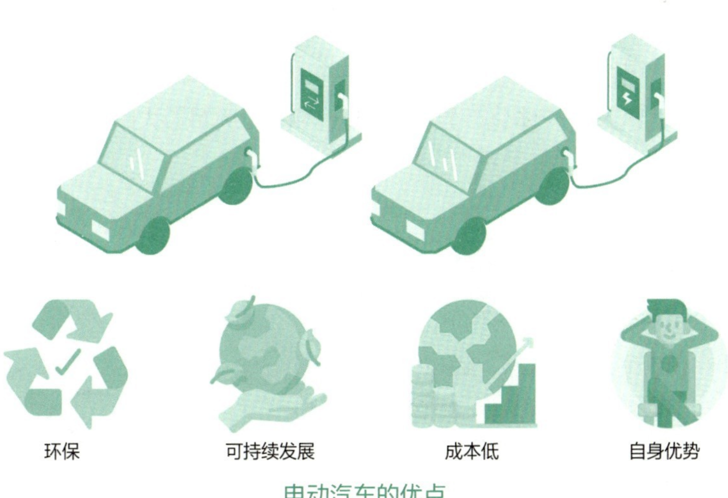

电动汽车的优点

036 为什么要修建交通枢纽？

我们有时候会遇到这样的问题：当我们乘坐高铁很快就到达了另一个城市，但出高铁站时却需要排很长时间的队等出租车，或者走很远的路才能坐上公交车，那么我们到达目的地的总时长就增加了。这就是交通衔接不畅所导致的问题。

交通枢纽是连接各种交通出行方式的节点，把高铁、公交车、出租车、地铁等不同的交通方式集中在一起转换，可以提高换乘效率，大大缩短旅行时间。好的交通枢纽不仅可以实现近距离换乘，还可以实现物理空间一体化、运营管理一体化、信息服务一体化、票价票制一体化，从而最大限度地方便乘客。

037 为什么要建设公交都市?

我们国家提出了建设“公交都市”的计划，顾名思义就是提倡以公共交通出行为主的都市交通建设模式。建设公交都市有很多益处：

可以缓解交通拥堵

公交都市采取全方位的公共交通优先政策，保证公共交通的优先发展，有助于缓解交通拥堵。

可以节约能源

公交都市的建设可以降低城市的整体能耗。由于公共交通系统具有高效能和集约化的特点，使用公共交通可以减少私家车的使用，从而减少能源消耗、节约能源。

可以改善环境

公交都市的发展可以改善生态环境。减少私家车的使用可以减少尾气排放，从而降低空气污染。同时，发展公共交通可以减少道路面积的使用，从而增加城市绿化面积，提高城市环境质量。

总的来说，建设公交都市有利于城市的可持续发展。东京、巴黎、伦敦、新加坡、香港、首尔、斯德哥尔摩、哥本哈根是世界闻名的八大“公交都市”。它们的共同特点为：具有高达 60% 及以上的公交分担率。

我国的交通运输部选择 30 个城市实施“公交都市”建设示范工程，提升公共交通出行分担率。我们是否感受到了公共交通体系的变化：公交车有了专用道，比私家车开起来还快；轨道交通准时快速，没有堵车的风险；车站安装了到站智能显示屏，可以看到车辆到站时间；公交车上安装了空调，乘坐舒适度得到了提高。这些改变都是为了提升公共交通整体服务水平，让人们更喜欢乘坐公共交通出行。

038 什么是绿道?

绿道是串联城乡生态、休闲、文化等资源，以游憩、健身为主，兼具绿色出行、生物迁徙等功能的廊道。

绿道可以提供给人们一个健康、低碳、环保的出行方式，同时也为城乡居民提供了一个亲近自然、踏青游玩的好去处。在绿道上，人们可以欣赏到沿途的风景，感受到大自然的魅力，也可以锻炼身体，增强体质。

以武汉东湖绿道为例，这条知名度很高的国内 5A 级城市核心区环湖绿道总长 101.98 千米，市民在这里骑行、漫步、健身，感受自然美景，呼吸清新的空气；这里没有汽车的噪声，掩映在绿荫中的道路不再是空间的主宰，而是与周边自然融为一体，上百种野生脊椎动物在这里栖息，人与自然和谐共处。

039 怎样才能减少交通噪声？

交通噪声已经成为环境噪声污染的主要来源。目前城市中有 2/3 的人口暴露在较高的噪声环境下，很容易造成听觉疲劳与听觉损伤，影响身体健康。

交通噪声源于车辆发动机为主的动力系统，以及轮胎与路表面的滚动接触，车辆在高速行驶时，噪声主要来自于轮胎与路表面的摩擦，即路面噪声。我们可以通过使用低噪声路面材料来降低路面噪声，也可以采用隔声屏、防护绿带等隔声措施降低道路噪声。

对于生活在城市里的每一个人来说，应尽量选择骑自行车、步行等低碳出行方式，减少机动车的使用。当远途出行时，尽量选用电动汽车出行，因为电动汽车没有发动机系统，噪声比燃油汽车要低很多，可以从根本上降低噪声的产生。

能源篇

040 能源有哪些种类？

能源的定义很多，确切而简单地说，能源是自然界中能为人类提供能量的物质资源。在我国，能源是指煤炭、石油、天然气、生物质能和电力、热力，以及其他有用能的各种资源。能源主要分类如下：

化石能源

包括煤炭、石油、天然气等，是目前世界上主要的能源来源。这些能源是从地球深处的化石燃料中提取的，但是使用过程中会产生大量的二氧化碳等温室气体，会对环境造成负面影响。

核能源

通过核反应产生能量，包括核裂变和核聚变两种方式。核能源具有能量密度高、污染少等优点，但是核能源的使用和管理需要严格控制，以避免核辐射和核废料等问题。

可再生能源

包括太阳能、风能、水能、生物质能等。这些能源来源广泛、永不枯竭，且使用过程中几乎不会产生污染，因此被认为是未来能源发展的主要方向。

041 什么是传统能源？

传统能源（常规能源）是指长期以来被广泛使用的能源形式，包括煤炭、石油、天然气等。这些能源形式在过去几十年中一直是主要的能源来源，被广泛应用于各个领域，我们常见的有以下三种：

（1）煤炭：煤炭是一种化石能源，由植物残骸经过数百万年的压力和热分解形成。它是固体状态，在燃烧时可以产生热能。煤炭被广泛应用于发电、钢铁生产、加热等领域。

（2）石油：石油是一种化石能源，由地下深处的有机物质经过数百万年的压力和热分解形成。它是液体状态，在提炼后可以得到各种燃料和化工产品。石油被广泛应用于交通运输、工业生产、化工等领域。

（3）天然气：天然气是一种天然产生的气体，主要由甲烷组成。它通常与石油一起存在，可以通过管道输送或液化后运输。天然气被广泛应用于供暖、发电、工业生产等领域。

这些传统能源在过去发挥了重要作用，但也带来了环境污染、气候变化等问题。因此，为了保护环境和实现可持续发展，人们正在积极寻找替代能源和推动能源转型，例如可再生能源（太阳能、风能、水能等）的开发和利用。

042 能源应用为什么会带来环境污染?

这是因为许多能源的获取和利用过程会释放出有害物质，对环境造成负面影响。

燃烧排放

许多能源，比如煤炭、石油和天然气，在利用过程中需要进行燃烧，这会释放出大量的二氧化碳、二氧化硫（SO_2）、氮氧化物等有害气体和颗粒物。这些物质会污染空气，导致空气质量下降，并对气候变化产生负面影响。

水污染

某些能源的开采和加工过程可能会导致水污染，比如煤矿开采和石油开采中的化学物质，以及废水可能会进入水体，污染水源。这会对水生生物和生态系统造成危害，破坏水体的健康。

土壤污染

能源的开采和利用也可能导致土壤污染，比如石油和天然气的泄漏，以及煤矿废弃物的堆放都可能使土壤受到污染。这些污染物渗入土壤，破坏土壤质量，对植物生长和农作物产量造成不利影响。

废弃物处理

能源的生产和利用会产生大量废弃物和副产品，比如核能产生的核废料需要进行安全处理和储存；煤矿开采产生的矸石和尾矿也需要妥善处理。不当的废弃物处理可能导致环境污染和生态破坏。

生态破坏

能源的开采和利用可能会破坏生态系统和减少生物的多样性，比如石油开采可能对海洋生态系统造成伤害，水电站建设可能淹没大片土地和栖息地。

这些环境污染问题给人类健康、生态平衡和可持续发展都带来了威胁。因此，为了减少环境污染，我们需要推动能源转型和升级，增加可再生能源的使用，提高能源利用效率，并采取措施减少污染物排放和妥善处理废弃物。这样才能保护我们的环境，促进可持续发展。

043 什么是新能源？

新能源是相对于传统能源（常规能源）而言的，通常是指传统能源之外的各种能源形式的总称。

1981 年联合国召开的“联合国新能源及可再生能源会议”将新能源定义为：以新技术和新材料为基础，使传统的可再生能源得到现代化的开发和利用，用取之不尽、周而复始的可再生能源取代资源有限、对环境有污染的化石能源，重点开发太阳能、风能、生物质能、海洋能、地热能、氢能和核能（原子能）。

新能源全称为“新能源与可再生能源”，在实践中，新能源并不只是可再生能源，它是所有非常规能源的总称，既包括太阳能、风能、生物质能、海洋能、地热能等可再生能源，也包括甲醇、乙醇、有机废弃物回收能源、页岩气、煤层气、致密气、页岩油、油砂、氢能等非常规的能源，还包括开发新能源汽车、应用分布式能源等新型的能源利用模式。由于常规能源越来越稀缺，以及大量使用常规能源造成的资源困境和日益恶化的生态环境问题，新能源的开发和使用受到世界各国的高度重视。

值得一提的是，新能源与常规能源的区分是相对的，也是动态的，是随着技术变革和社会经济演进不断变化发展的，例如核能，20 世纪 50 年代初，人类开始开发使用原子能，用于电力生产、生活。此时，相对于传统的煤炭火力发电、水力发电等常规能源发电而言，核能被视为新能源。然而，随着原子能技术的不断进步和成熟，世界上许多国家已经掌握了原子能的开发和使用技术，到 20 世纪 80 年代，世界上不少国家已经将核能作为其能源供给的重要组成部分。因此，在这一阶段，核能被视为常规能源。与此相对应，太阳能和风能被人类认识和利用的历史比核能要早得多，但是由于技术手段落后，太阳能、风能的利用比较分散，缺乏规模经济，至今人们还把太阳能和风能视为新能源。

044 怎样利用太阳能？

利用太阳能是指将太阳辐射的能量转化为其他形式的能量，可以分为两种主要方式：被动太阳能利用和主动太阳能利用。

被动太阳能利用是指直接利用太阳的热量和光线，而无需使用机械设备收集或转换其他能源形式。被动太阳能利用依赖于建筑设计和材料的巧妙选择，以最大限度地利用太阳的资源。在建筑中运用的常见被动太阳能方式有：

（1）**太阳能供暖：** 这个方法让我们的建筑就像一个巨大的太阳能收集器。通过设计建筑，例如在寒冷地区，在朝南的方向开设大窗户，在朝北的方向减小开窗面积，在白天充分让阳光照到室内；外墙材料采用蓄热功能保温材料，白天蓄热，夜晚可以向室内散热。我们可以让建筑内部充分吸收和存储太阳能的热量，从而减少对传统供暖系统的依赖。

（2）**自然采光：** 尽量采用自然光，减少对人工照明的需求。通过设计适合的窗户、天窗和导光管，最大限度地利用太阳光线。

（3）**保温隔热：** 包括使用绝缘材料、节能窗户、热桥隔离等方法，就像给建筑穿上一层隔离服，在夏季减少室外热量进入室内，在冬季保护室内热量不外泄。

（4）遮阳和通风： 太阳光不是越多越好，在夏季，我们也会因为太阳光过强而产生不适。这时候我们会拉上窗帘，窗帘是一种最常见的内遮阳形式，但从建筑的角度，外遮阳是效率最高的，所以绿色建筑优先采用可调节外遮阳。

据统计，人一天中有 80%~90% 的时间生活在室内，室内的空气品质对我们的身体健康有着重要的影响。新鲜的空气可以通过良好的室内空气组织实现，例如在房屋两侧的开窗或者形成空气流动的室内空间，就有利于形成对流通风或者叫作“穿堂风”。这样的空气组织，不仅能为室内带来新鲜的空气，同时通过自然风吹过人体带动皮肤表面的汗腺蒸发，从而降低体表温度，让人感受到凉爽，也降低了夏天对空调使用的需求而降低能耗。

与被动太阳能利用不同，主动式太阳能利用需要使用一些特殊的设备和技术来帮助我们获取太阳能。常见的主动式太阳能利用方法包括：

（1）光伏发电系统： 这是一种利用太阳光来产生电能的方法。光伏发电系统通常由多块太阳能电池板组成，这些电池板可以直接将太阳光转化为电能，用于满足供电、充电和其他电力需求。

（2）太阳能热发电系统： 这种系统利用太阳能的热量来产生蒸汽，然后使用蒸汽来带动发电机生成电能。太阳能热发电技术包括不同类型，比如塔式太阳能发电、抛物面槽式太阳能发电和平板太阳能发电等。

（3）**太阳能热水系统：** 这是一种利用太阳能来加热水的方法，用于满足供暖、热水供应和其他热能需求。通常包括太阳能热水器、热水储存装置和管道系统。

（4）**太阳能空调系统：** 这种系统使用太阳能加热工作媒介（例如水），然后通过吸收剂和冷凝剂的循环实现制冷。它们利用太阳能的热量来提供冷却效果，从而减少对传统电力的需求。

（5）**太阳能高温光热系统：** 这是一种通过聚焦太阳光到一个点上而产生高温来完成一些特殊任务的方法。它可以用于工业加热、蒸馏和其他需要高温的工作。

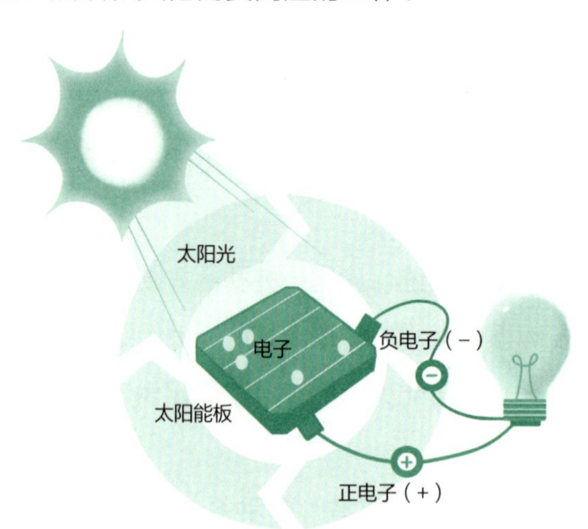

太阳能光电转换

045 建筑怎样利用风能?

利用风能是指将风的动能转化为其他形式的能量，风能发电是一种通过利用风的动力将其转化为电能的技术。

在建筑中，我们可以采取多种方式利用风能，例如在建筑的屋顶、立面或周围的空地上安装风力发电机。这些风力发电机可以是垂直轴风力发电机（VAWT）或水平轴风力发电机（HAWT），根据建筑设计和空间限制进行选择。通过将风力发电机集成到建筑中，可以直接利用建筑结构来支撑和固定发电机，从而减少额外的支撑结构成本，并使风力发电机更加完美地融入建筑整体设计中。

在建筑内部的通风系统或者其他空间中安装微型风力发电机，这些风力发电机可以利用建筑内部的气流来产生电力，例如在楼梯间、走廊或者通风孔附近安装微型风力发电机，为建筑提供分布式的清洁能源。

在进行风能供暖和通风时，可以通过合理规划建筑的通风系统，利用风的自然流动来提供新鲜空气，实现室内空气的循环。这包括选择适当的通风口和窗户位置，最大限度地利用自然风的能量。在建筑设计时，还可以考虑被动式风能利用，优化建筑的布局和朝向，选择合适的建筑材料，最大限度地利用自然风的动力来提高建筑的能效。这些方法有助于提高建筑的可持续性和能源效率。

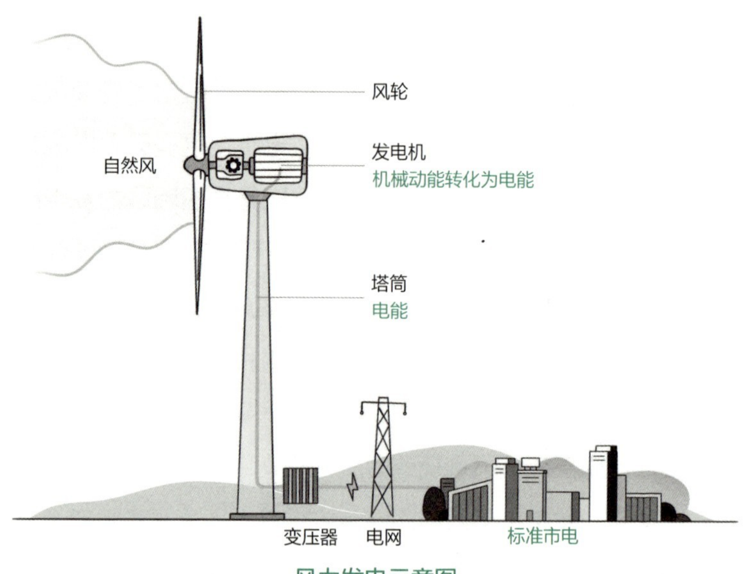

风力发电示意图

046 怎样利用地热能?

地热能是指地球内部的热能资源，是一种可持续的清洁能源，具有稳定性和持久性优势。常见的利用地热能的方式有以下几种：

地道送风系统

地下浅层土壤由于其土壤温度常年恒定，有“冬暖夏凉”的特点，在夏天，土壤温度低于空气温度；在冬天，土壤温度高于空气温度。怎么利用这个温差呢？建筑师们想出了用“地道换热”的方式。在土壤中修建地道，室外的空气通过长长的地道再进入室内作为新风补风，这时候空气温度已经起了变化，会比室外温度提高或降低了 2~5 摄氏度。别小看这 2~5 摄氏度，这种方法可以降低不少空调或供暖能耗呢！

地热发电

在地热发电厂中，通过钻井将地下的热水或蒸汽提上来，转化为机械能，然后驱动发电机产生电能。地热发电通常用于地热资源丰富的地区，可以提供稳定可靠的电力供应。

地热热水供应

在适宜的地区，地热资源可以用于为城市供应热水。这种地热热水供应可以广泛应用于温泉浴场、游泳池和温室等场合，为人们提供清洁、高效的热水。

地热驱动空调系统

地热能也可以用于驱动地热空调系统，通过地源热泵将地下的低温热能用于室内空调，实现节能和环保效果。

地热温室种植

在寒冷地区，地热能可以用于温室供热，使得在寒冷季节也可以进行农作物种植，提高农业产量，增加食品供应。

047 怎样储存可再生能源？

储存可再生能源是解决可再生能源的间歇性和不可控性的重要方法，以确保在需要时能够提供持续的能源供应。常见的可再生能源储存技术有：

（1）电池储能：电池储能是一种将可再生能源转化为电能并储存在电池中的方法。当可再生能源产生过剩的电力时，电池可以将其储存起来，以备后续使用。常见的电池储能技术包括锂离子电池、铅酸电池和钠硫电池等。这些电池技术在储能容量和效率方面有不同的特点。

（2）氢能储存：氢能储存是将可再生能源产生的电力用于电解水，将水（H_2O）分解成氢气（H_2）和氧气（O_2），并将氢气储存起来的过程。储存后的氢气可以在需要时通过燃料电池转化为电能。氢能储存技术有助于长期储存大量能量，而且氢气在储存和使用过程中不排放温室气体。

（3）压缩空气储能：压缩空气储能是一种将可再生能源产生的电力用于将空气压缩并储存在地下储气库中的技术。当需要电力时，储存的压缩空气会被释放出来，并通过涡轮机和发电机将其转化为电能。压缩空气储能系统能够提供大规模的储能解决方案。

（4）液流电池： 液流电池是一种将可再生能源转化为电能并储存在液体电解质中的技术。液流电池利用可再生能源电解水或其他电解质溶液，将产生的氢气或其他电化学反应产物储存起来，并在需要时通过电池反应将其转化为电能。这种技术具有高度的可调性。

（5）热储能： 热储能是一种将可再生能源转化为热能并将其储存起来的方法。例如太阳能热能可以通过储热罐或热储存材料来储存，以供后续供暖、热水使用等。热储能在冷暖季节的能源平衡中发挥着重要作用。

这些储能技术可以结合使用，以提供更可靠、稳定和可持续的能源供应。随着可再生能源的不断发展，储能技术的研究和创新也在不断进行，为实现可再生能源的大规模应用提供了重要支持。储能技术的不断进步将有助于更有效地利用可再生能源，减少对化石燃料的依赖，降低其对环境的影响。

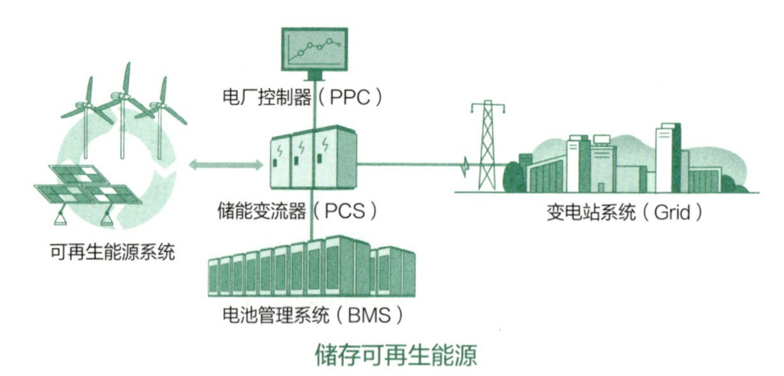

储存可再生能源

048 什么是零能耗建筑？

零能耗建筑是指在一定时间内，建筑内部的能源需求主要由建筑本身的能源系统满足，而不需要外部能源输入。这些建筑通常采用先进的设计和技术，最大限度地减少能源的消耗和浪费，同时利用可再生能源来满足建筑内部的能源需求。零能耗建筑具有以下特点：

建筑节能设计

通过优化建筑的结构、材料和设备来最大限度地减少能源消耗，例如采用高效的隔热材料、高效的窗户、自然通风和采光等。

可再生能源利用

借助可再生能源系统，比如太阳能光伏、风能、地热等，将自然的可再生能源转化为电能或热能，以满足建筑的能源需求。

储能技术

使用能源储存技术，比如电池储能或热能储存系统，以便在可再生能源供应不足时提供备用能源。

能源管理系统

采用智能能源管理系统来监测和控制能源的使用。这些系统可以优化能源利用、调整能源供应，并根据需求调整建筑内的能源分配。

节约与回收

采用能源和资源节约措施，例如使用高效的照明系统、节水设备、废热回收等技术来降低能源和资源的消耗。

低碳建筑材料

这些建筑使用环保和可再生的建筑材料，以减少对环境的影响，并提供更健康、可持续的室内环境。

零能耗建筑通过能源节约和可再生能源的合理使用，使建筑的能耗尽量减少，所消耗的能源通过可再生能源平衡，从而达到能耗接近于零的目标，以满足建筑内的能源需求，不依赖外部能源供应。这有助于减少温室气体排放、提高能源安全性，并推动建筑行业朝着更可持续的方向发展。

资源篇

049 为什么要节约资源？

地球的资源不是取之不尽、用之不竭的，我们国家人口众多、资源相对不足、环境承载能力较弱，这是中国的基本国情。很多资源对于人类生存至关重要，比如淡水资源、土地资源等，这些资源一旦耗尽，将对我们的生活带来极大的影响。节约资源不仅是为了现在，更是为了未来。我们应当尽可能减少对环境的破坏和资源的占用，保护地球的生态系统，让我们的后代也能享受到清新的空气、干净的水源和丰富的资源。

那么如何节约资源呢？

从城市的角度来看，节约资源包括产业转型，尽快淘汰高能耗、高物耗、高污染的落后生产方式与产业；节约用地，预留更多的可持续发展空间等。从城市居民角度来看，每个人都需要从日常生活中的点滴做起，形成节约光荣、浪费可耻的社会风气，养成人人都乐于节约一张纸、一度电、一滴水、一粒米的良好习惯。

050 城市建设怎样可以节约土地资源？

土地是人类赖以生存的基础，是不可再生的宝贵资源。随着城市化进程的发展，人口不断进入城市，这让城市用地越发紧张。城市建设中有很多节约土地资源的方法：

适度控制城市建设规模，城市边界不能无限制扩张，要保证基本农田与耕地、自然山水的保留；城市中应多设置绿地，不能盲目建设，否则会导致大量房屋的闲置。

还要集约利用土地，可以适度增加建设密度、立体开发、利用地下空间等方式，减少对土地的占用，提高土地的利用效率。

控制人均占用土地面积。不应追求别墅、花园洋房等低密度的住宅形式，提倡将更多的城市土地用于绿化，为城市发展预留空间。

总之，城市建设需要从多个方面入手，采用科学合理的方法来节约土地资源，实现城市的可持续发展。

051 我国的水资源量是不是特别充沛？

我国水资源总量较大，每年的水资源总量有 2.74 万亿立方米，每人平均有 2047.7 立方米。但我国水资源分布不均衡，大部分水资源集中在南方和西南地区，而北方和西北地区则相对较干旱，最低的地区每年人均水资源量仅有 500 立方米。

为了解决水资源分布不均衡问题，我国采取了在全国范围内跨流域调水，例如南水北调中线工程，从 2014 年开始至 2023 年已经给北京输水超过 90 亿立方米，相当于 63 个西湖储存的水，缓解了北京的缺水问题。但是，不是所有的城市都能通过调水解决问题，南水北调中线工程总干渠长 1432 千米，如果乘坐高铁沿着干渠走一遍需要 5 个多小时。因此，调水工程很花钱，调来的水也很贵。

所以，虽然我国总体水资源丰富，但由于分布不均衡，我们依旧需要节约用水。

052 什么是雨污分流？

城市的地下有两种排水管线，一种是雨水管，用来收集降落到城市地面的雨水，然后直接排到城市河道中；另一种是污水管，用来收集自来水被人们使用后变成的污水。在几十年前，我国城市建设缺少资金，没有钱单独建设雨水管和污水管，于是就将雨水和污水排到同一条管线内，直接排放到河流水体中，造成城市周边水体污染；或将雨水和污水混合在一起，然后一起排放到污水处理厂进行处理，在大雨天气下，污水处理厂可能无法处理大量的雨水和污水混合物，导致污水溢流和环境污染。

雨污分流的方法是将雨水和污水分开收集和处理。在这种系统中，雨水从屋顶、道路和其他硬质表面收集，然后通过雨水管道流入雨水处理设施或自然水体中。污水则通过污水管道收集，然后流入污水处理厂进行处理。这样可以减少污水处理厂的负担，提高污水处理效率，并减少污水对环境的影响。

053 什么是海绵城市?

海绵城市是指城市能够像海绵一样，在适应环境变化和应对雨水带来的自然灾害等方面具有良好的弹性，也可称之为“弹性城市”。也就是说，下雨时城市地面具有吸水、蓄水、渗水、净水的调蓄功能，不让雨水淹没城市街道等造成灾害；不下雨时，可以将蓄存的水释放并加以利用，实现雨水在城市中迁移。例如海绵城市建设的技术措施之一是透水路面，可以让下雨时产生的路面雨水下渗，经过路面结构层的过滤后，去除大部分污染物，使径流雨水得到净化；同时，雨水迅速下渗，路面不会积水，雨天走在透水人行道上可以不湿鞋、不湿裤腿。

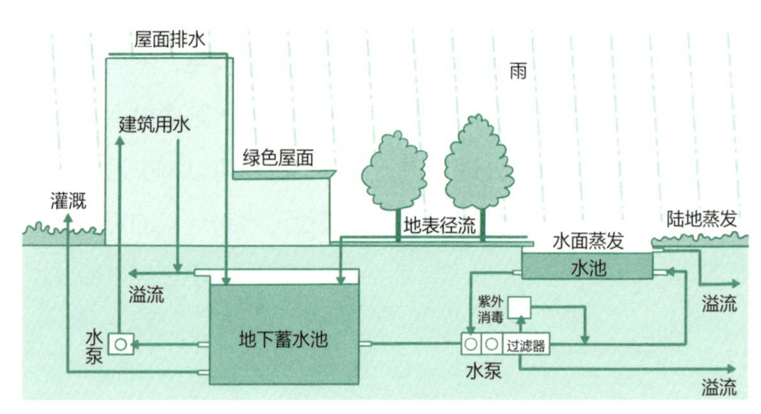

海绵城市示意图

054 什么是防洪排涝？

防洪是不让洪水进来，排涝是将多余的雨水，即涝水排走。防洪排涝是指在城市范围内采取措施，防止洪水和涝水对人类活动造成损害。一般情况下，按照防护面积的大小可分为流域防洪、区域防洪和城市防洪。流域防洪标准按 50 年或 100 年一遇，也就是按 50 年或 100 年内发生一次最强的降雨强度进行防御；区域防洪标准按 50 年一遇。排涝指能够有效安全地排除城市内多余的雨水，一般情况下，按 20 年一遇的排涝标准进行排水设计。

当然，城市防洪排涝设施也不是万能的，当遭遇大于防护标准的短时间高强度降雨时，还可能造成低洼地区渍涝，因此，做好极端天气时的预警预报非常重要，如果发生紧急情况，应及时疏解与撤离群众。

055 什么是节水器具？

我们每天在卫生间里看到的抽水马桶、洗手盆、洗涤槽等都可以称为用水器具。节水器具是指在满足使用功能的前提下，可以节约用水的用水器具。一般情况下，节水器具设计先进、制造精良，可以减少无效耗水量。节水器具基本不发生跑、冒、滴、漏现象，使用的水量少。

使用节水器具一次能节约多少水呢？以家庭使用的低水箱坐便器为例：不节水的低水箱坐便器一次性冲水量为 13.5 升，使用高节水效率等级的低水箱坐便器，一次性冲水仅需 4 升就够了，可节省 9.5 升。家庭装修需要购买卫生器具时，要选择有节水标识的卫生器具，例如选择一级节水效率等级的坐便器。见下图节水标识示例。

国家节水标志

056 什么是城市再生水？

城市再生水指将人们使用过的水收集起来，处理后达到城市再生水回用水质标准，可以用于冲厕、绿化、浇洒等用途的非饮用水。

城市再生水回用对于缓解我国水资源分布不均衡、促进水资源优化配置、减少污水排放尤为重要。城市再生水水量大、水质稳定、受季节和气候影响小，是一种宝贵的水资源。

在使用城市再生水时需要注意的是用水安全，如果看到“不得饮用”“不得接触”等标识，一定不能饮用、不能用手接水，避免再生水淋到身上。

057 什么是垃圾分类？

垃圾分类是指将生活中产生的垃圾按照不同的属性、性质或处理方式进行分类和分别处理的行为。通过垃圾分类，可以有效地减少垃圾的数量、降低对环境的污染、促进资源的回收利用和循环利用。生活垃圾一般分四类，包括有害垃圾、家庭厨余垃圾、可回收垃圾和其他垃圾。

有害垃圾

包括用后的废电池、废荧光灯管和节能灯等，废温度计、废血压计、废药品及其包装物，废油漆、溶剂及其包装物，废杀虫剂、消毒剂及其包装物，废胶片及废相纸等。

家庭厨余垃圾

包括剩菜剩饭、骨头、菜根菜叶、果皮等。

可回收垃圾

包括废纸、废塑料、废金属、废包装物、废旧织物、废弃电器电子产品、废玻璃等。

其他垃圾

包括宠物粪便、烟蒂、被污染的纸张、破旧陶瓷品、尘土、一次性餐具等。

垃圾分类

058 什么是生活垃圾资源化利用?

生活垃圾资源化利用是指采取措施从生活垃圾中回收物质和能源，以加速物质和能源的循环，创造经济价值的方式。主要包括物质回收、物质转换和能源回收。

回收的废纸可以重新回炉作为造纸原料；

剩菜剩饭等家庭厨余垃圾可以用于生产有机肥料；

旧衣服和床单等布料可以用于生产无纺布；

有毒有害的荧光灯管和电池送到专门的处理场所回收利用等。

059 如何回收建筑垃圾？

建筑垃圾也称为“建筑废弃物”，是指建设或施工单位对各类建筑物、构筑物等进行建设、拆迁、修缮及居民装饰房屋过程中所产生的固体废弃物。

建筑垃圾主要包括砖石、混凝土、金属、塑料、木材、纸屑、石膏、玻璃等。我国每年新建房屋大约有 6.5 亿平方米，每建成 1 平方米的房屋大约产生建筑垃圾 0.5～0.6 吨。

回收建筑垃圾

为了减少建筑垃圾，在建造建筑时尽量采用可回收再利用材料，例如石膏条板与石膏砌块，由于石膏很容易回收，进入工厂，粉碎后再加工成成品，在建筑中广泛应用。

建筑垃圾回收再利用还有很多用途，包括作为再生骨料按一定比例掺混在混凝土中；替代土方填筑路基；采用两级破碎后，经过筛分、水洗，加入配料拌制、压制成再生砖；用废弃玻璃生产玻璃轻石等。

环保篇

060 什么是土壤污染？

土壤是一个开放系统，土壤与其他环境要素间进行着物质和能量的交换，因而造成土壤污染的物质来源极为广泛，有自然污染源，也有人为污染源。

自然污染源是指某些矿床的元素和化合物的富集中心周围，由于矿物的自然分解与分化，往往形成自然扩散带，使附近土壤中某元素的含量超过一般土壤的含量。人为污染源是土壤环境污染研究的主要对象，包括工业污染源、农业污染源和生活污染源。

当土壤里的有害物质超标，会妨碍土壤的正常功能。有害物质分为无机污染物与有机污染物两类。无机污染物包括化学物质、重金属、放射性物质等；有机污染物包括有机农药、石油、合成洗涤剂等。

土壤污染对我们有多方面的影响，例如重金属、除草剂、有机农药、合成洗涤剂等会阻止植物和农作物健康地生长。当土壤中含有害物质过多，超过土壤的自净能力，就会引起土壤的组成、结构和功能发生变化，微生物活动受到抑制，有害物质在土壤中逐渐积累，通过“土壤→植物→人体”，或通过“土壤→水→人体”间接被人体吸收，达到危害人体健康的程度。

土壤污染会影响土壤中的生物多样性，破坏自然的平衡。土壤受到污染后，含重金属浓度较高的污染表土容易在风力和水力的作用下分别进入到大气和水体中，从而导致大气污染、地表水污染、地下水污染和生态系统退化等其他次生生态环境问题。

061 什么是空气污染？

空气污染是指大气中存在的有害物质超出了一定限值，导致空气质量下降的现象。这些有害物质可以来自工业排放、交通尾气、生活用能、农业活动，以及自然过程中所释放的化学物质、颗粒物、废气等。

空气污染对我们有多方面的影响：

呼吸问题

当空气被污染时，里面的有害物质会进入我们的肺部，给我们的呼吸系统带来麻烦。人们会因此咳嗽、气喘，甚至呼吸困难。

健康隐患

长期生活在污染的空气中，会导致慢性疾病，比如心脏病、哮喘和过敏反应等。

环境影响

污染的空气会对植物生长和动物生态系统产生不利影响，这可能导致生物多样性减少，破坏生态平衡。

气候变化

空气中过量的二氧化碳等气体会形成地球的“温室效应”，导致全球气候变暖，引起极端天气事件，比如干旱、洪涝和飓风等。

应对空气污染，地方政府可以采取严控高耗能高污染行业、推行清洁生产等措施，实施激励与约束并举的节能减排新机制。在城市规划中，将污染治理融入国土空间规划，利用城市廊道打通“风道”，改善主城区及周边组团的区域气候环境。

062 什么是水污染？

水中的污染物包括化学物质、微生物、悬浮物、有机物、重金属、农药、工业废水、污水等。这些有害物质超标，会对我们有多方面的影响：

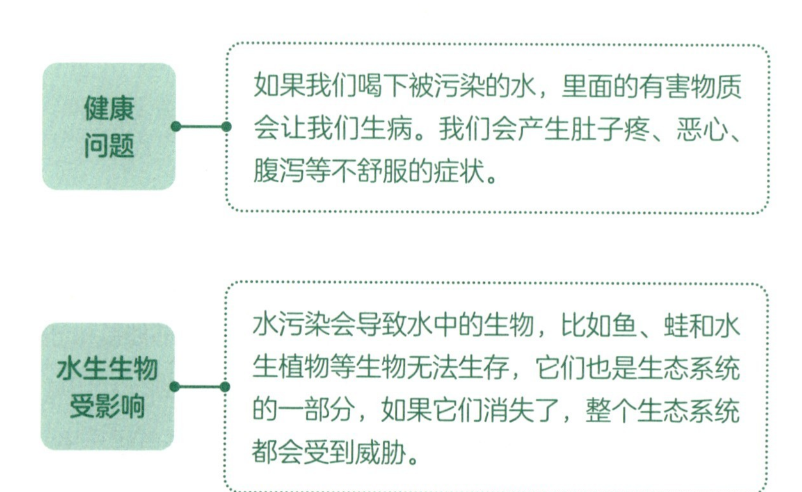

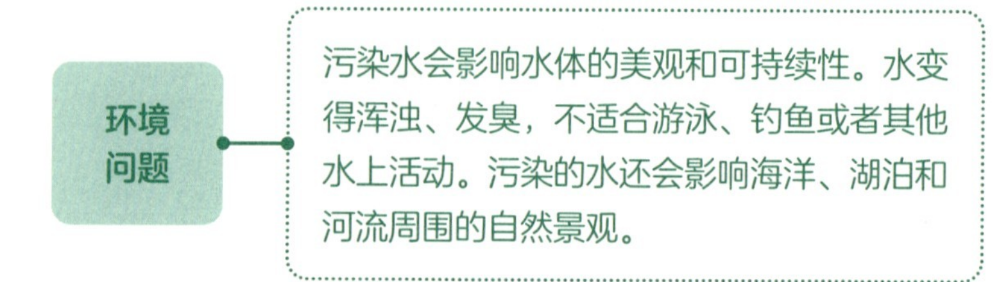

水资源短缺

水是宝贵的资源，但污染会使得可用的清洁水变少。如果我们不保护水源，将来可能会进一步面临水资源不足的问题。

城市的污水处理主要包括以下三个方面：

1

污水回收，将工业污水、雨雪水和生活污水集中起来，进行无害化处理。

2

污水再利用，通过对污水深度细化处理，处理后的水质满足使用要求，进行再次循环使用。

3

水处理产生的污泥，一是进行无害化处置，二是实现其可再生资源的潜能。

063 什么是噪声污染？

汽车的轰鸣声、机器的运行声、建筑工地的敲打声、楼上的脚步声，当这些声音已经影响了环境与正常生活，就被称为噪声污染。

噪声污染对我们有多方面的影响：

健康问题

长时间听这种吵吵闹闹的声音会让我们头痛、失眠，甚至感到焦虑和压力，它还可能让我们惹上心脏和消化系统的麻烦。

学习工作受阻

当我们在学校或单位面临过多噪声时，就无法专心学习或者工作了。

情绪受影响

持续的噪声会让我们感到不高兴。它可能让我们变得易怒、焦虑，甚至心情低落。

社交困扰

太多噪声会让我们难以听清别人说话，更无法好好交流，这会给我们的社交活动带来麻烦，跟别人沟通变得很困难。

为了减少噪声污染对我们的影响，可以采取以下一些措施：

（1）在繁华的城市街道上，为了降低交通噪声可以建立隔声屏障，例如在市区道路两侧设置高墙、墙体隔声窗、隔声带等屏障，保护居民免受噪声困扰；在道路表面铺设低噪声路面，减少汽车轮胎与路面的摩擦，从源头减少噪声污染；用电动汽车替换燃油汽车，限制噪声的来源。

（2）为了控制工业噪声，可以在生产车间等需要降噪的地方设置吸声降噪墙，在生产设备上加装隔声罩、隔声板等隔声设备，在生产设备与地面之间设置减振垫等设备，这些都能够减少设备运行时对周围环境产生的振动和噪声。

（3）在日常生活中，为了避免住宅楼上楼下的噪声干扰，应在地板上铺设隔声材料；音乐教室、报告厅等声音比较大的房间，还应安装吸声顶棚、隔声墙等。

064 什么是城市热岛效应?

你是否发现，当你离开城市到郊外或乡村，会感到凉爽多了，这就是城市热岛效应。它指城市区域比周围地区温度高的现象。为什么会出现城市的热岛效应呢？因为城市中建设了大量的建筑、混凝土路面等，这些材料在太阳辐射下，升温快，热量散失慢，表面温度明显高于绿地与水面这些自然场地；此外，工业生产、交通排放、居民生活还有很多热量排放，在大气污染的作用下，这些热量不能快速排放出去，就会引起城市范围的升温。

城市热岛效应对我们的影响包括：

夏季高温

城市的发展导致夏季越来越热，很多城市气温达 39 摄氏度、地面温度达 60 摄氏度，我们身体感到非常难受，容易发生热中暑的情况。

能源消耗增加

为了降低室内温度，需要使用更多的空调和制冷设备。这会增加能源消耗，导致用电负担增加，也会对环境造成压力。

空气污染严重

城市热岛阻碍了污染物扩散，使空气污染程度加剧。悬浮在空气中的灰尘和污染物无法顺利散去，会对我们的健康造成威胁。

水资源需求增加

高温和干燥加速水分蒸发，导致城市需求更多的水资源。这可能引发供水紧缺问题，让我们面临着水资源压力。

生态系统受损

高温和缺乏绿化空间使得动植物难以生存。城市中的树木和花草变少，影响了生态平衡和城市的美观性。

065 什么是光污染？

光污染是指过量的光辐射对人类生活和生产环境造成的不良影响现象。它属于物理污染，主要污染物包括给人们正常活动造成负面影响、破坏生态环境并损害人体健康的各种光。

城市中的光污染主要包括白亮污染、人工白昼污染和彩光污染。白亮污染是由城市中建筑的玻璃幕墙、釉面砖墙、磨光大理石等装饰反射光线引起的；人工白昼污染则是夜间商场、酒店上的广告灯、霓虹灯等强光束造成的；彩光污染则是指舞厅、夜总会等场所的黑光灯、旋转灯、荧光灯等发出的彩光所形成的光污染。

光污染不仅会影响人类，其他生物也会被这种现象干扰，是一种新的环境污染源。光污染的影响有以下几个方面：

人们长时间处于光污染环境中，生物钟会被干扰，导致生物钟紊乱；光污染会抑制褪黑素的分泌，导致睡眠质量下降、入睡困难、易醒等睡眠问题；长时间暴露在强光环境下，眼睛容易出现疲劳、干涩、痒、红肿等不适症状，严重时可能导致眼部疾病。

光污染也会对动物造成困扰。夜晚是小鸟和昆虫活动的时间，但明亮的光线会让它们迷失方向，无法找到正确的道路。这对它们的生存和繁衍都有影响，就像是迷路的小鸟找不到回家的路。

光污染让夜晚的天空变得过于明亮和闪耀，我们很难看到原本美丽的星星。在一个灯火辉煌的城市中，你无法欣赏到夜空中星星的绚丽。

光污染也意味着能源的浪费。当我们在不必要的时候大量使用灯光，例如在没有人的房间里开着灯，或者夜晚大楼外墙被过度照亮，这就浪费了电力资源。

066 什么是生物多样性?

生物多样性是指地球上所有不同种类的生物（包括动物、植物和微生物）的丰富程度和多样性。

大自然里有各种各样的生物，每一种都有自己独特的形状、颜色和特点。生物多样性存在于森林、海洋、草原、湖泊等各个栖息地，每种生物都扮演着生态系统中重要的角色，共同构成了整个地球的生态平衡。

生物多样性对我们很重要。每种生物都在为地球上的生态系统做出贡献，就像是一个大家庭，每个人都有自己的角色和职责。如果某种生物及其生存环境遭到破坏或消失了，引发连锁反应，会对其他生物造成危害；生物多样性让人们享受和欣赏到大自然的绚丽多彩；生物多样性还可以给我们带来医学和科学上的突破，许多药物和治疗方法都来自于自然界中的生物。

城市化进程对生物多样性产生了严重影响。在导致栖息地丧失的众多人类活动中，城市开发造成的地方物种灭绝率最高，并常常消除绝大多数本地物种。城市化造成的影响往往比栖息地的丧失更严重和持久，城市规划需要找到保护生物多样性的方式，最有可能的方式是尽可能多地保护残存的自然栖息地；在那些已经进行高强度土地开发的地方，人们可以通过增加本地植物物种的多样性来重新恢复植被，从而增加本地动物物种的多样性；最有效的方式是对公众展开生物多样性的教育，以此推进公众对生态理论的了解，以及对原生植物影响原生动物多样性的关注。

生物多样性

067 什么是立体绿化?

我国人口众多，可耕地资源和城市用地十分紧张。城市的中心区域大多建筑拥挤、人口稠密、绿化用地紧张，立体绿化就是以空间换绿地，使绿化从平面走向立体，进一步拓展城市的绿化空间，是节约土地、开拓城市空间、绿化美化城市的有效方法。

立体绿化还可以在一定程度上缓解热岛效应、提升建筑能效、滞尘降噪、固碳释氧、调蓄雨洪等，改善居民的生活环境。

根据城市立体绿化载体的不同类型，在满足植物的生态习性和观赏特点的基础上，选择适宜的攀缘、垂足或匍匐类型的植物，进行立体绿化，使植物与环境之间实现科学性和艺术性的统一。

常见的立体绿化形式可以分为以下几类：

（1）垂直绿化与地面绿化相对应，是在立体空间进行绿化的一种方式。垂直绿化是利用植物材料沿建筑物或构筑物立面攀附、固定、贴植、垂吊形成垂直面的绿化。

（2）边坡绿化是一种新兴的能有效防护裸露坡面的生态护坡方式，与传统的工程护坡相结合，可有效实现坡面的生态植被恢复。

（3）屋顶绿化是指在高出地面以上，周边不与自然土层相连接的各类建筑物、构筑物等的顶部，以及天台、露台上的绿化。它是保持城市自然生态平衡、改善城市景观的一种简捷有效的补偿办法。

（4）桥梁绿化是指在高架桥、立交桥的两侧或者桥墩设置植物种植容器，以植物材料为主体营建的一种立体绿化形式。

外墙立体绿化

068 什么是节约型绿地？

节约型绿地是一种特殊的绿色空间，它使用聪明的设计和智能的技术，帮助我们最大限度地节约资源与能源，它有以下特点：

（1）节约水资源：在节约型绿地中，会设置特殊的系统来收集雨水。当下雨时，这些系统会收集雨水并保存起来。这样一来，我们就可以用这些雨水浇灌植物、清洗公共设施，而不必消耗自来水。

（2）节约能源：在节约型绿地中，会充分利用可再生能源，例如利用太阳能板和风力发电机来产生电能。太阳能板可以吸收太阳的能量并转化为电力，而风力发电机则利用风的力量来产生电力。这样，我们就可以用这些清洁能源为公园提供电力，而不需要依赖煤炭或油气等传统能源。这不仅节约了能源，还保护了环境。

节约型绿地还会创造更多的绿色空间，例如在高楼大厦的墙上或建筑的屋顶上安装垂直种植系统和建造屋顶花园。这些垂直种植和屋顶花园可以提供更多的绿色空间帮助我们节约土地。这不仅提高了观赏性，还能吸收二氧化碳、改善空气质量，让城市变得更健康。

069 什么是地表水环境质量标准？

地表水环境质量标准是用来评估和监测我们周围的湖泊、河流、水库等地表水的清洁程度的一套规定。

就像是给水质打分，告诉我们这些水是否适合人类和其他生物使用。

这些标准通常由政府和专家制定，以确保我们的水资源能够保持良好的质量，并且对我们的健康和环境没有危害。它们基于科学研究和大量的数据，考虑了许多因素，例如水的透明度、化学物质和微生物的含量、溶解氧的水平等。如果发现水质不达标，相关部门就会采取措施来改善和保护水资源。这可能包括净化和处理水、限制有害物质的排放、加强环境保护措施等。

地表水环境质量标准按功能高低依次划分的水质标准共有五类：Ⅰ类主要适用于源头水、国家自然保护区；Ⅱ类主要适用于集中式生活饮用水地表水源地一级保护区、珍稀鱼虾类孵化地等；Ⅲ类主要适用于集中式生活饮用水地表水源地二级保护区、鱼虾类越冬场、水产养殖区等渔业水域及游泳区；Ⅳ类主要适用于一般工业用水区及人体非直接接触的娱乐用水区；

Ⅴ类主要适用于农业用水区及一般景观要求水域。

如果水体能够满足地表水环境质量标准Ⅰ类、Ⅱ类和Ⅲ类的要求，就表明水质良好，可以用于生产自来水供人们使用，也可以游泳戏水。例如千岛湖的水质可以达到Ⅰ类或Ⅱ类，长江的水质多数在Ⅱ类，这些都是水体周围城市的水源地；如果水体仅达到Ⅳ类指标，可用于观赏，也就是看看风景，不能下水游泳；如果是Ⅴ类水，只能用于浇灌庄稼等；如果连Ⅴ类都达不到，就可能会产生许多漂浮物、藻类大量繁殖，能闻到令人极不舒服的味道等，就是常说的“臭水沟”了。Ⅳ类及以下的水不能用于生产自来水；如果水体都是Ⅳ类以下，导致没有自来水供应，我们和鱼类一样就难以生存了。

070 如何让垃圾无害化？

垃圾无害化处理是将垃圾转化为无害物质、能源或可回收材料，最大限度地减少对自然资源的消耗和环境的污染。

首先，我们将垃圾按照不同的种类分开处理，纸张、塑料、玻璃等，每种垃圾都有自己的去处。这样一来，处理起来就更加方便快捷了。

其次，回收利用才是明智之选！你知道吗，垃圾中的一部分其实是可以回收利用的。通过回收利用，我们可以将废纸变成新纸，将空饮料瓶变成时尚的衣服，甚至还能把旧报纸制成创意手工艺品。这样，我们不仅减少了资源浪费，还为环保事业贡献出了一份力量。

再次，有机垃圾也有自己的处理方式。厌氧消化就是其中一种酷炫的方法！把厨余垃圾放入一个密封的容器中，然后在这个无氧环境下，它们会发生分解和转化。不仅会产生可替代化石燃料的沼气，剩下的物质还可以成为有机肥料，给植物提供养分。

然后，还有一个超酷的方法叫作堆肥！将厨余垃圾、枝叶等放入堆肥堆中，让细菌们发挥它们的才能。在这个过程中，它们会把有机废物转化为有机肥料，为植物提供天然的营养。这样一来，我们不仅解决了垃圾问题，还为花花草草们提供了美味的大餐。

最后，如果遇到一些难以处理的垃圾，焚烧就是我们的救星！将垃圾放入特殊设备中，通过燃烧将其转化为灰烬和烟气。当然，在经过净化处理后，排出的烟气是符合环保标准的哦！

071 如何提升城市微气候环境品质？

城市微气候的形成主要受城市下垫面、城市建筑结构、城市规划布局、城市功能区划分等因素的影响，例如城市中的建筑、道路、绿地等设施会改变地表热交换和能量平衡，从而影响城市微气候。为了改善城市微气候，我们可以采取一系列措施：

种树可以为城市增添清凉和美丽，就像给城市穿上一件绿色外套一样。这些大树不仅能遮挡太阳光，还能吸收二氧化碳，释放出新鲜的氧气，以供我们呼吸。

水池和湖泊就是城市的“空调器”！在炎热的夏季，太阳照射到水面上时，水会吸收热量，帮助城市降低温度。

墙上长满绿色植物的建筑就像是城市里的“花园摩天楼”！这些绿墙不仅美观，还能吸收太阳能，减少空气中的热量，让城市的温度降下来。而且，还有一股清新的气息哟！

建造更多的公园、广场和绿地，让微风轻轻吹过，给我们提供一个凉爽的休憩场所。这样，我们就可以在户外尽情玩耍，享受夏日的欢乐！

在炎热的夏天，我们需要一些“遮阳伞”的帮助！设置凉亭、遮阳篷等遮挡物可以为我们提供阴凉的避暑场所，不仅能降低体感温度，还能让我们更舒适地度过夏天。

要成为环保达人就要学会减少污染！节约能源和水资源，不乱扔垃圾，在城市中保持空气的清新和洁净，是我们共同努力的目标！

072 什么是城市通风廊道?

通风廊道就是实现空气流通的廊道，类似一条狭长的通风管道。**可利用风的流体特性，将市郊新鲜洁净的空气导入城市，在风压的作用下导出市区，增加城市的空气流动性，这对城市的雾霾起到一定的缓解作用。**城市通风廊道规划多以道路、低矮楼宇、城市绿化带等大型的空旷带为主，这些地方开阔，对城市空气流通非常有利。

城市通风廊道可以提升城市空气流通能力，降低空气污染，缓解城市热岛效应，提高人体舒适度，它是降低建筑能耗的有效措施，对局地气候环境的改善有着重要的作用。

城市通风廊道布局需要依据城市盛行风向，决定风廊走向的上风向起着“生态库”的作用，通常在上风向需要生态条件优越，规划公园和绿地，这样才能把新鲜空气引入城市。在城市规划建设中需要留出一定空间的廊道，以保持或引导天然气流，贯穿高楼大厦密集的城市，以起到提高城市环境质量的作用。例如北京有 5 条宽度 500 米以上的一级通风廊道、多条宽度 80 米以上的二级通风廊道。

073 什么是日照间距？

日照间距是指前后两排南向房屋之间，为保证后排房屋在冬季也可以照到阳光的最小间隔距离。

它是建筑设计中考虑的重要因素之一。如果两座建筑之间的距离很近，阳光会被阻挡住。但是，如果两座建筑之间的距离太远，土地就被浪费了。如何既能保证阳光照到室内，又可以节约用地呢？城市建设者们就制订了合理的日照间距，例如间距需保证住宅至少有一个居住空间每天可以有两小时以上的直射阳光，幼儿园需要三小时以上的直射阳光，中小学校则需要两小时以上的直射阳光。但有些建筑不用考虑日照间距，比如办公、商场等。

日照间距不仅影响建筑的采光和能源消耗，还与城市的微气候和环境质量密切相关。

首先，日照间距直接影响着建筑的采光效果。合理的日照间距能够保证建筑在冬季获得充足的阳光，而在夏季则能够避免过度的日照。这不仅有助于提高建筑的舒适度，也有助于减少建筑的能源消耗。

其次，日照间距对城市微气候的影响也不容忽视。在城市中，建筑的布局和高度都会影响风向、风速及温度分布。如果日照间距设置得当，可以降低建筑的温度，增加空气流动，从而改善城市的热环境和空气质量。

最后，合理的日照间距还有助于减缓城市热岛效应。城市热岛效应是由于城市中建筑密集、绿化面积减少等原因导致的城市区域温度高于周围乡村的现象。通过合理的日照间距设计，可以降低建筑的温度，从而减缓城市热岛效应。

在城市规划和建筑设计过程中，应充分考虑日照间距的影响，以实现绿色、可持续的城市发展。

074 什么是环保建材?

环保建材就是对环境好的建筑材料。它们既不会浪费资源，也不会损害环境。比起传统的建筑材料，**环保建材更可持续，对环境更加友好，**例如竹子是一种常见的环保建材。它生长迅速，可再生性强，而且在制作过程中不会产生太多的污染物。它可以替代传统的木材或塑料，用来做家具、地板和墙面，让我们的家更加环保和舒适。

再来说说回收材料，例如废弃的玻璃瓶经过处理可以变成环保建材。这些玻璃瓶被熔化后，可以制成玻璃纤维板，用于建造隔声墙和隔热层。这就像给旧物品焕发新生命，既减少了浪费，也减少了对自然资源的需求。

另外，有些环保建材还可以起到吸附有害气体的作用，就好比在房间里的空气净化器，例如一种叫作绿色屏障的建筑材料，可以吸收有害物质，净化空气，让我们呼吸到更清新的空气。

智慧篇

075 什么是智慧城市？

智慧城市是一个“聪明、会动脑筋”的城市，它可以帮助我们更好地生活和工作。

智慧城市包含许多日常触手可及的应用场景，比如智慧交通、智慧家居、智慧建筑等，通过各种场景的应用来提高城市的运转效率和服务便利性。例如智慧交通可以通过智能信号灯和交通监控系统来调节交通流量，使交通更加顺畅和安全；智慧家居可以让我们通过手机、电脑、语言交互等来控制家里的电器，比如灯、空调、电视等，让我们的生活变得更加便捷和舒适。

所以智慧城市就是让城市更加安全、环保、舒适和便利，让我们的生活变得更加美好。

076 什么是智慧家居？

智慧家居是一种利用互联网技术和智能设备来提高家居生活品质的生活方式。

智慧家居可以利用智能音箱、手机、平板等移动终端实现对家居设备的远程控制和监控，比如智能灯具、智能窗帘、智能门锁、电子猫眼、智能家电等，从而实现家居的智能化管理，例如智慧家居中的智能灯具可以通过手机或语音控制来开关和调节亮度；智能环境可以根据室内温度和时间自动调节空调温度、净化设备等；智能安防系统可以通过摄像头来监控家庭情况、通过门窗传感器监测是否关闭以保障家居安全；智能镜子既可以显示天气、新闻，还可以指导健身、瑜伽；智能厨房可以远程控制电饭煲、烤箱等，自动完成烹饪。**人们可以通过智慧家居来提高居家生活的便利性、舒适性和安全性。**

077 什么是智慧建筑?

智慧建筑是一种利用先进的信息技术来提高建筑运行效率、舒适度和安全性的建筑。智慧建筑可以通过各种智能化的设备和系统，来实现建筑内外各个系统的互联互通和智能化管理，比如照明、空调、通风、安全监控、能源的管理等，让建筑更加智能化、高效化、绿色化和人性化。例如智慧建筑可以自动调节室内温度和湿度，提高人们的工作效率和舒适度；还可以根据室内光线情况，自动调整照明亮度和颜色，更好地保护人们的眼睛，提高室内照明效果。智慧建筑还可以减少浪费和能源消耗，降低污染减少碳排放，实现建筑与自然的和谐共处。

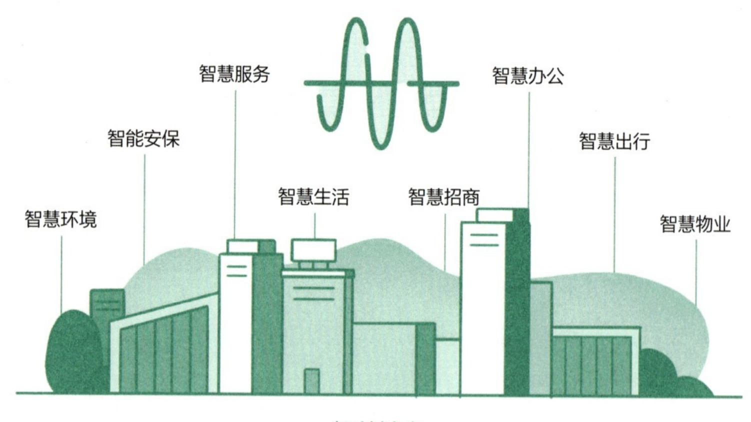

智慧城市

078 智能与智慧有什么区别？

智能就像是我们家里的电视机、手机、电脑等，看得见，摸得着，它们可以帮助我们做很多事情，比如看电视、打电话、上网等。这些都是通过固有的程序和算法实现的，需要人工设置和调整。

智慧则是指我们的思维能力，包括我们的想象力、判断力、思考力等，它是软性的，没有实体的。智慧帮助我们更好地理解世界，以展现出我们的生命经验、知识和思考能力，例如我们可以用电脑来学习知识，但是学习知识需要我们自己思考和理解，这就是智慧。智慧是一种更高级的智力形态，需要我们不断学习和积累，这样才能更好地理解世界和生活。

079 都有哪些与智慧相关的技术？

与智慧相关的技术有很多，以下是其中的一部分：

大数据技术

通过对海量数据进行分析和挖掘，实现对人类社会、自然、生命等方面的深入理解。

人工智能技术

包括机器学习、深度学习、自然语言处理等技术，可以帮助计算机实现人类智力的某些方面，比如语言理解、图像识别、自然语言处理等。

物联网技术

通过将各种物品连接到互联网上，实现信息的互联互通和智能化控制，帮助人们更加便捷地使用和管理物品。

机器人技术

通过运用机电、控制、计算机等技术，实现机器人的智能化、自主化，以及与人类的协同工作。

区块链技术

通过去中心化、不可篡改、安全可靠的特点，实现资产交易、信息共享、数字身份认证等方面的智慧化应用。

虚拟现实技术和增强现实技术

通过虚拟现实技术和增强现实技术，可以将虚拟世界和现实世界相结合，实现更加智慧化的应用场景。

智慧相关的技术涵盖了很多方面，将不同的技术手段融合起来，可以实现更加智慧化的应用场景，为人类社会的发展和进步带来更多的可能性。

080 智慧技术与城市绿色低碳发展有什么关系？

智慧技术和城市绿色低碳发展之间存在着密切的关系，智慧技术可以帮助城市实现绿色低碳发展。

（1）智慧技术可以提高城市能源利用效率，降低碳排放。例如智慧交通系统可以优化交通流，减轻交通拥堵，降低车辆排放；智慧照明系统可以根据光照强度和人流量自动调节照明亮度，减少能源浪费；智慧建筑可以通过自动控制室空调系统和照明系统等设备的运行，实现能源的节约和降耗。

（2）智慧技术可以提高城市生态环境保护水平。例如智能垃圾分类系统可以自动分拣垃圾，减少垃圾填埋量；智能公园绿化系统可以根据植物的生长状态和环境条件，自动调整浇水、施肥等工作，提高绿化效率和生态环境质量。

（3）智慧技术还可以提高城市居民的生活质量。例如智能健康监测系统可以实时监测和预测居民的健康状况，提供个性化的健康管理服务；智慧安防系统可以通过视频监控、人脸识别等技术，提高城市的安全性和治安水平。

总之，智慧技术可以为城市绿色低碳发展提供技术支持，帮助城市实现可持续发展和促进环境保护，提高居民的生活质量。

081 什么是一网通办？

一网通办是指通过互联网，将政府部门的各种服务整合到一个平台上，让人们可以在网上办理各种业务，比如申请证件、缴纳费用等，不需要到现场排队等待，非常方便快捷。

以前，人们需要到不同的政府部门去办理不同的事情，还需要填写各种表格、提交各种证明材料、排队等待，非常烦琐费时。而现在，有了一网通办，人们在家里或者办公室通过电脑或手机就可以完成各种政府服务的办理，不需要浪费时间在路上或排队等待，省时省力。一网通办也可以减少纸质文件的使用，减少环境污染，是一种非常环保的服务方式。

082 什么是一网统管？

一网统管就像是一个大管家，它可以帮助很多小管家一起工作，让它们更加高效地完成任务。

比如说，我们看到路上有很多监控摄像头、交通信号灯、路灯等设施，它们都需要一个一个地管理，但是如果我们把它们都连接在一起，就可以通过一个中心控制系统来管理它们，这就是一网统管。它可以帮助相关部门更加高效地管理资源和服务，提升整体运营效率和用户满意度。

083 什么是智慧能源管理？

智慧能源管理就像是我们家里的电灯开关，可以帮助我们省电，让家里更加环保和节能。

但是智慧能源管理是使用了更高级的技术，比如说电脑、传感器等设备，可以实时监测我们家里的用电情况，把数据传到电脑里面，然后通过电脑的分析，让我们更加清楚地知道哪些电器耗电多、哪些耗电少，从而制定更加合理的用电方案，实现节能环保、安全用电的目的。智慧能源管理可以应用于各个领域，比如学校、企业、家庭等，帮助大家更好地利用能源，保护环境，同时也能让我们更好地了解能源的使用情况，让我们更加珍惜和保护我们的地球。

084 什么是智慧电网与微电网？

智慧电网是一种新型的电力系统，它可以让我们更好地管理和控制电力的分配和使用，让我们的电力系统更加高效和可靠。

与传统的电网不同，智慧电网可以自动地监控和控制电力的分配，从而在电力需求高峰时提供更多的电力，减少浪费，同时还可以更加智能地管理电力负载，使得电力的使用更加均衡和稳定。

微电网则是一个较小规模的电力系统，它通常是由一些小型的发电设备，例如太阳能电池板或者风力发电机等，以及电池等储能装置。微电网可以独立运行，不依赖于大型的电力系统，从而可以为更偏远或者人口稀少的地区提供电力，也可以在紧急情况下提供备用电力，保障供电的可靠性。

085 什么是物联网?

物联网是指通过互联网连接各种设备和物品，让它们可以相互沟通和交流。

举个例子，我们可以通过手机或电脑来控制家里的智能灯具、空调、电视等设备，还可以通过智能手表来监测我们的健康状况和运动数据。这些设备和物品都可以通过互联网连接起来，形成一个庞大的网络，就像我们人类之间通过语言和文字进行交流一样，这些设备之间也可以通过互联网进行交流和通信。

物联网可以帮助我们更好地管理家庭和工作，提高效率和便利性，让我们的生活更加智能化和舒适。

086 什么是大数据？

大数据是指海量的数据，这些数据可以来自各种各样的来源，比如社交媒体、电子邮件、手机通话、购物记录等。

这些数据经过收集、存储和处理后，可以帮助我们更好地了解人类行为、社会趋势、市场需求等。大数据可以帮助我们预测未来的趋势和变化，提高工作效率和决策准确性，让我们的生活更加便利和舒适。举个例子，如果我们想知道哪些地方更受人们欢迎，我们可以通过大数据分析，来了解人们的购物记录和社交媒体上的评论，从而找到热门的地点。

087 什么是人工智能技术？

人工智能是一种让机器像人一样思考、学习和决策的技术。

就像我们可以通过学习和经验来解决问题一样，机器也可以通过学习和处理数据来解决问题，例如我们可以教会机器如何识别图像、理解语言、预测未来等，让它们能够像人一样做出决策和行动。人工智能在许多领域都有广泛的应用，比如医疗、金融、交通等，它可以帮助人类更好地处理和利用数据，提高工作效率和准确性，让我们的生活更加便利和舒适。

利用人工智能技术，可以帮助我们更好地解决很多问题。

什么是新型基础设施建设？

新型基础设施建设是指针对现代社会的需求和发展需要，建设一些新的基础设施，比如包含5G网络、物联网、工业互联网的网络基础设施，包含数据中心、超算中心、智算中心的算力基础设施，以及包含人工智能、云计算和区块链的新技术基础设施，进而建设与传统基础设施深度结合的融合基础设施，比如智慧城市、智慧园区、智慧交通、智慧能源等。新型基础设施建设可以促进各个领域的创新和发展，同时提高国家和地区的经济竞争力和社会发展水平，也可以提高社会服务水平和人民生活质量。

生活篇

089 什么是绿色低碳的生活方式？

绿色低碳的生活方式是一种减少二氧化碳和其他温室气体排放到大气中的人类行为模式。

可以在日常生活中通过减少能源的使用，选择太阳能、风能等可再生能源，以及采用减少浪费、绿色出行、节约用水和理性消费等方式来实现。

对于每个人来说，选择一种绿色低碳的生活方式是很重要的，因为它有助于降低气候变化的负面影响。通过培养绿色低碳的生活习惯，减少生活中的碳足迹，可以帮助减缓气候变化，从而为我们自己及我们的子孙后代保护地球。

090 为什么要提倡适度消费?

随着经济的发展，过度消费消耗了很多地球资源，增加了垃圾及碳排放。根据《自然－食品》（“*Nature Food*”）杂志上的研究，2017 年全球食物浪费导致了 93 亿吨二氧化碳当量排放，与同年美国和欧盟的总排放量大致相同。所以，要提倡适度消费。

消费行为与我们日常生活中的衣食住行密切相关，例如适度采购食物和适度点餐，避免因为过度购买造成的吃不完或者过期等食物浪费；适度采购衣物、电子设备等，不用的衣物和电子设备等考虑回收或进行二手交易。

091 什么是个人的碳足迹？

每个人的日常生活都会产生温室气体排放，在统计时，这些温室气体量通常会转化成为一个统一计量的单位——二氧化碳当量，也就是常说的碳排放量。个人碳足迹就是一个人释放到大气中的碳排放量，就像一个人留下的足迹一样，这些碳排放也留在了大气中。我们日常生活中的方方面面都会产生碳足迹，包括乘坐车辆、乘坐飞机需要石油、柴油等化石能源；用电脑、空调这些家用电器需要用电，而大部分城市发电还需要消耗化石能源；烹饪需要消耗天然气，这些化石能源被消耗都会产生碳排放。因此，不同人的生活方式会形成不同的个人碳足迹。

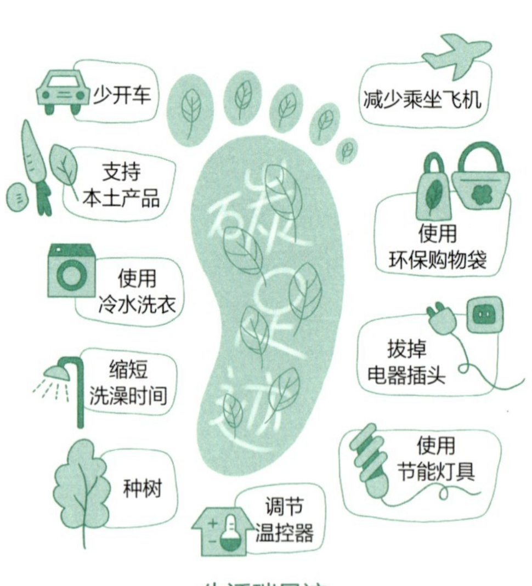

生活碳足迹

092 个人碳足迹如何计算？

个人碳足迹是通过将个人活动释放到大气中的温室气体量相加计算得出的，计算的过程要考虑能源使用、交通习惯、饮食和废物产生等因素。

网上也有很多简单的工具可以帮助我们计算自己的碳足迹，例如碳足迹计算器。这些工具通常会询问一系列关于日常活动的问题，然后提供个人碳足迹的估算结果。有兴趣的话可以根据个人碳足迹估算结果思考一下有没有什么可以降低碳足迹的方式。

以下是我们日常生活中不同活动形成的碳足迹的例子：

（1）从深圳到北京的单程航班产生的二氧化碳当量约为 280 千克，而乘坐同样距离的火车产生的二氧化碳当量约为 80 千克。

（2）驾驶燃油汽车行驶 10 千米产生约 2 千克二氧化碳当量，而骑 10 千米的自行车则为零排放。

（3）1 千克牛肉的碳足迹约为 15.8 千克二氧化碳当量，而 1 千克蔬菜的碳足迹约为 0.9 千克二氧化碳当量。这是因为生产肉类比生产蔬菜需要更多的资源和能源。

通过了解我们的碳足迹，就能了解如何通过改变日常生活中的习惯来减少温室气体的排放。

093 垃圾分类对减碳有帮助吗？

当垃圾没有被正确分类时，它们往往会被直接送往垃圾填埋场，在那里分解并释放出甲烷，这是一种温室气体。而如果我们对废弃物进行适当分类，并将其分为可回收和不可回收的材料，则能减少最终进入垃圾填埋场的废弃物总量，从而大幅减少释放到大气中的甲烷量。

可回收材料的再利用和再循环减少了生产新产品所需的能源和资源，并最大限度地减少我们的碳足迹，例如在选择纸张的时候，可以选择含有再生纸的纸张。当然，减少纸张浪费，从源头减少废弃物的产生，是最有效的方式。

除了减少碳排放外，垃圾分类、再利用和再循环也有助于保护自然资源、减少污染和保护生态系统。有些有害垃圾，比如电池、水银温度计等，如果没有被分类而和普通垃圾混合放置到垃圾填埋场，其成分中的重金属等有害物质会对土壤和地下水源产生污染，从而污染土壤、地下水和农作物。

因此，垃圾分类、垃圾再利用和再循环是减少碳排放和促进环境可持续性的重要策略。通过在我们的日常生活中做出微小的改变，比如正确分类我们的垃圾，优先选择再利用和再循环的回收材料，我们都可以为一个更可持续的未来做出贡献。

有兴趣的话，可以在你所居住的社区里发掘一下有没有垃圾分类的收集箱、有害垃圾的收集箱、旧衣物的收集箱、大件电器的回收站等设施，并且制作成社区的垃圾分类和回收地图。

094 日常生活中如何节水？

水是生命之源，在我们的日常生活中，节约用水的重要性不言而喻。以下是一些实际可行的方法，帮助我们在生活中节约水资源：

检修和修复漏水

定期检查用水设备和管道，确保没有漏水现象。如果发现漏水，及时修复，避免浪费水资源。

控制用水量

在洗涤衣物和洗碗时，合理控制水量，避免过度使用。使用洗衣机时，尽量选择节水模式。在洗碗时，可以先将餐具刮净，减少冲洗时间和用水量。

及时关闭水龙头

在刷牙、洗脸、洗菜等需要用水的过程中，及时关闭水龙头。不要让水流一直流下去，只在需要使用时打开水龙头。

收集和再利用水

在洗菜、洗衣服或洗澡时，可以将用过的水收集起来，再用于冲厕所、浇花草或清洁地面等，这样可以最大限度地利用水资源。

合理安排浇水时间

在浇花、园艺和农作物种植时，选择早晨或傍晚时段进行浇水，避免在炎热的中午时段浇水，减少水分蒸发的损失。

智能化用水系统

考虑安装智能化用水系统，比如雨水收集系统、定时喷灌系统等。这些系统可以根据需要和环境条件，自动调节用水量，提高用水效率。

095 在学校里有哪些减碳行为？

学校是我们成长过程中一个重要的空间环境，我们在学校的教室、图书馆、体育馆、食堂、宿舍等空间活动，包括我们往返学校的交通，都会使用到电、燃气、水等一系列资源，产生碳排放，影响我们的个人碳足迹。

以下是一些在学校中可以减碳的行为，尝试发掘一下你们学校有哪些地方可以改进。

鼓励步行或骑自行车上学

以步行或骑自行车代替坐车上学可以减少与通勤相关的碳排放。

利用自然光

利用自然光可以减少对人工照明的需求，例如靠近窗户一侧的灯具可以独立控制开关，避免整个教室的灯只能同时开启和同时关闭，这样靠窗一侧够亮，就不必开灯，只开启不够亮的区域的灯就可以了。

使用节能照明

相较于传统灯具，节能灯具可以减少能源使用和碳排放，例如 LED 灯比同等光效的普通白炽灯节能 80% ~ 90%。

使用自然通风或电扇

在不是很热的天气，优先选择开窗或开电扇，而不是开空调。空调的耗电量是电扇的 8～10 倍，自然通风则无碳排放产生。

合理的空调温度

选择合适的室内空调温度，例如夏季制冷 26 摄氏度以上，冬季供暖不超过 20 摄氏度。夏季空调每提高 1 摄氏度，我们就能够节约大约 7% 的用电量。

使用可重复使用的水杯

可以减少与一次性水杯相关的浪费和碳排放。

取餐适量

在食堂用餐时，根据自己的食量需求取餐，避免过度取餐造成的食物浪费，减少厨余垃圾的产生。

鼓励回收和再利用

回收和再利用可以减少废物和与废物处理相关的碳排放，例如旧书籍回收、购买二手参考书等。

使用可再生能源

学校可以在屋顶、外墙等位置安装太阳能光伏板或太阳能热水器等可再生能源利用设备，减少对化石燃料的依赖和碳排放。

096 在家里有哪些减碳行为？

家是我们每个人很重要的生活场所，一个家庭的绿色低碳生活方式的改变可以大大影响家庭成员的碳排放足迹。

以下是一些在家里可以进行减碳的行为，可以尝试发掘一下你们家里有哪些地方可以改进。

选购绿色建筑

选购带有中国绿色建筑标识认证的住宅，绿色建筑认证对住宅的节能、节水、居住环境品质等均提出了较高要求。

使用节能照明

例如白光 LED 灯的能耗仅为白炽灯的 10%～20%，而且寿命可达 10 万小时以上。

使用节能电器

例如一级能效空调、一级能效冰箱等。

使用节水器具

例如一级节水的马桶、水龙头、淋浴器等。

利用太阳光

利用太阳光自然晾干衣物，减少衣物烘干机器的能源消耗。

改变用水习惯

培养节约用水的习惯和意识。据统计，淋浴时间缩短一分钟，节约的用水量相当于 16 瓶 500 毫升的瓶装水。

养成良好的用能习惯

使用空调时请先关闭窗户，避免能源浪费。离开家时请检查并关闭所有不需要的用电设备，比如灯具、空调、电脑等。白天在家的时候优先利用自然光，减少不必要的照明用电。天气不是很热的时候优先考虑开电扇而不是开空调。

使用可重复使用的袋子和容器

可以减少与一次性袋子和容器相关的浪费和碳排放，出去购物随身带有环保袋。

适当减少纸巾的使用

用可重复使用的毛巾代替纸巾，避免卫生纸的过度使用，例如使用卫生间的毛巾擦手、擦脸，用餐后使用毛巾代替纸巾擦拭餐桌，擦嘴只用一张纸巾等。

097 在办公室有哪些减碳行为？

办公室有机会成为你未来工作时停留时间最长的地方，而办公建筑的碳排放是住宅建筑的 2 倍甚至更高，因此办公空间的碳排放降低非常重要。办公室包括个人的独立办公空间、多人的开放式办公空间、会议空间、共享空间等。

以下是一些办公室减碳行为的建议：

使用绿色交通方式出行

绿色交通方式包括骑自行车、步行、使用公共交通工具或拼车上下班，绿色交通可以显著减少碳排放。

使用新能源汽车

电动汽车等新能源汽车在使用时会产生较少甚至不产生碳排放。

不用电的时候关掉电灯和用电设备

这可以节省办公室约 20% 的能源消耗。

使用节能灯具

节能灯泡可以比传统灯泡节省 80% ~ 90% 的能源。

利用自然光

利用自然光可以减少人工照明的需求，节约能源。

合理的空调温度配合灵活的着装要求

选择合适的空调温度，例如夏季制冷 26 摄氏度，冬季供暖 20 摄氏度。同时，员工可以根据自身的冷热感受调节衣着。

用笔记本电脑代替台式电脑

笔记本电脑比台式电脑节省约 80% 的能源。

用视频会议代替出差

视频会议可以减少高达 90% 的与差旅相关的碳排放。

鼓励远程办公

允许员工在家工作可以减少与通勤相关的碳排放。

减少纸张的使用

无纸化办公可以保护树木，减少与纸张生产和运输相关的碳排放。

使用可重复使用的杯子和水瓶

在办公建筑的会议室里，每天都会使用大量一次性水杯，如果大家养成了随身携带水杯的习惯，就会大大减少一次性水杯的用量。

098 出去旅游也能实现行为减碳吗？

旅游的过程中也能选择更为绿色和低碳的旅行方式，以下是一些旅游中减碳行为的建议：

选择低碳环保的住宿

环保住宿可以减少与旅行相关的碳排放，例如有绿色建筑标识认证的酒店。减少一次性用品（牙刷、牙膏、梳子、剃须刀、鞋擦等）的使用，重复使用浴巾，使用免更换床单指示牌、免打扫门牌等。

绿色出行方式

步行或骑自行车代替开车，使用公共交通工具。

减少飞行次数

飞行是碳排放量较高的交通方式之一。如果有可能，我们尽量尝试减少飞行次数或通过其他交通方式到达。

使用新能源车辆

若在旅游中需要租车，尽量使用新能源车辆。

轻装

携带更少重量的行李可以减少运输所需的燃料量，从而减少碳排放。

抵消碳排放

通过碳抵消计划可以帮助减少与旅行相关的碳排放，比如参与航空公司的植树活动，抵消航空碳排放；参与绿色出行活动或酒店里面的绿色行动，获得相应减碳积分等。

099 如何能够让低碳生活方式得到延续？

从小事做起

从日常生活中容易维护的小事做起，就像离开房间时关灯或随身携带购物袋一样简单的事。

设定目标

为自己设定可实现的目标，例如减少食物浪费或更多地使用公共交通工具。通过碳足迹软件记录你的个人或家庭碳足迹，然后找到可以减少个人碳足迹的行为和目标。

自我教育

了解与你有关的环境问题，并随时了解最新发展和解决方案，比如国际、国家、所在省市最新的关于气候变化、碳中和、零碳建筑、垃圾分类、环境保护等的新闻和活动，参与一些和低碳生活方式有关的展览和活动等。

加入团队

加入一个致力于可持续发展的团队，让你身边围绕着志同道合的人，可以相互提供支持和动力。

养成习惯

坚持是建立可持续生活方式的关键。将可持续的实践融入你的日常生活中，使之成为一种习惯。

注意个人行为

注意你的行为及其对环境的影响。考虑你的购买和生活方式的选择对环境的影响。

以身作则

与他人分享你的知识和经验，并鼓励他们加入到低碳生活中来，与你一同努力。

通过上述方法，你将建立一个有意义和充实的可持续生活方式。请记住，可持续发展是一段旅程，而不是终点，每一小步都是迈向更可持续发展世界的一小步。

100 你眼中的未来城市是什么样子的？

请各位读者展开畅想并描述。